付録 論理パズル 水よう液の見分け方

このページでは、プログラミング的思考を学習しましょう。
関連する39〜42ページの問題を解いてから、取り組んでみましょう。

JN059251

❶ 下の図は、水よう液をリトマス紙で調べる実験手順です。{ }にあてはまる方を○で囲みましょう。また、( )にあてはまる記号を下の □ から選んでかきましょう。

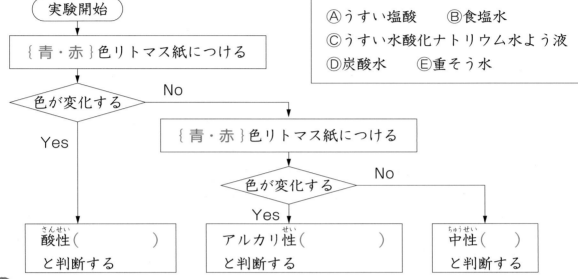

❷ 下の図は、水よう液を調べる実験手順です。□ に「Yes」、「No」のあてはまる方を答えましょう。また、( )にあてはまる記号を下の □ から選んでかきましょう。

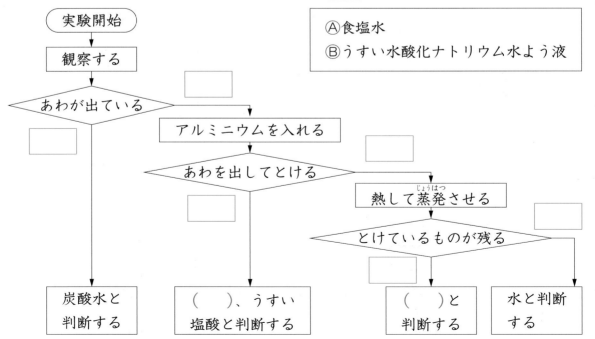

このページは理科のお話を読み、問題に答える
コーナーです。
やり終えたら、文章を読み取れているか答えを
見て確かめましょう。

❶ ドリル王子がかいた次の文章を読んで、問題に答えましょう。

リトマス紙を使うと、水よう液をどのように仲間分けできるか調べた。
〈実験〉
　青色と赤色のリトマス紙のそれぞれに、５種類の水よう液をつけて、色の変化を観察した。
〈結果〉
リトマス紙はそれぞれ、下の表のようになった。

	食塩水	炭酸水	うすい塩酸	重そう水	うすいアンモニア水
青色の リトマス紙	変化しなかった。	赤色に変化した。	赤色に変化した。	変化しなかった。	変化しなかった。
赤色の リトマス紙	変化しなかった。	変化しなかった。	変化しなかった。	青色に変化した。	青色に変化した。

〈考え・まとめ〉
　５種類の水よう液は、リトマス紙の色の変化によって、下の表のように、酸性（さんせい）・中性（ちゅうせい）・アルカリ性（せい）の３つの性質に分けることができる。

	酸性	中性	アルカリ性
リトマス紙 の色の変化	青色のリトマス紙が赤色に変化する。	どちらの色のリトマス紙も変化しない。	赤色のリトマス紙が青色に変化する。
水よう液	(　　　　　)	(　　　　　)	(　　　　　)

(1)　リトマス紙の色の変化によって分けるられる性質を、３つすべて答えましょう。
　　　　　　　　　(　　　　　)(　　　　　)(　　　　　)

(2)　上の表の(　)にあてはまる水よう液を、実験に使ったものから選んでかきましょう。

(3)　青色のリトマス紙につけても紙の色が変化しない水よう液は、酸性、中性、アルカリ性のうちどの性質が考えられますか。
　　　　　　　　　(　　　　　)(　　　　　)

1 下の図の①のように、ねん土に立てたろうそくに火をつけ、底のないびんを上からかぶせて燃え方を調べました。火が燃え続けるものには○、消えるものには×をつけましょう。

実験 30点（1つ10点）

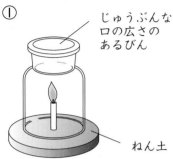
① じゅうぶんな口の広さのあるびん

ねん土

燃え続ける。

② びんの口にふたをした。

（　　）

③ 底のねん土にすきまをつくった。

（　　）

④ 底にすきまがあるびんの口にふたをした。

（　　）

2 下の図のせんこうのけむりの動きのうち、正しい図の（　　）2つに○をつけましょう。

20点（1つ10点）

（　　）　　（　　）　　（　　）　　（　　）

3 次の問いに答えましょう。また、□にあてはまる言葉をかきましょう。　30点（1つ10点）

(1)　七輪（しちりん）は、空気の入口を設け、新しい□□を取り入れるくふうをしている。

(2)　右の図の空気の入口をせばめると火はどうなりますか。

(3)　右の図の空気の入口の近くにせんこうを近づけると、けむりは、どうなりますか。

七輪　　空気の入口

(1)＿＿＿＿＿＿＿＿

(2)＿＿＿＿＿＿＿＿

(3)＿＿＿＿＿＿＿＿
＿＿＿＿＿＿＿＿

なぞって覚えよう！

（　）にあてはまる言葉をかこう。
※だいじなまとめにも点数があるよ。

20点（なぞりは点数なし）

だいじなまとめ　ものが（ 燃え ）続けるには、（　　　　）が入れかわることが必要である。

1 ものは、空気が入れかわって新しい空気にふれれば燃え続けます。
2 新しい空気が下から入って、ものが燃えた後の空気が上に出ていきます。

① 下のグラフは、空気の成分の割合（わりあい）を表しています。それぞれの気体の名前をかきましょう。 20点（1つ10点）

| | | 二酸化炭素 | など |

灰色（はいいろ）の文字はなぞろう。
（点数はないよ。）

| 約78% | 約21% |

② 下の図は、教室の空気を、酸素（さんそ）用、二酸化炭素（にさんかたんそ）用の気体検知管で調べたものです。（　）にあてはまる言葉や数をかきましょう。目盛（めも）りの数値は％（体積の割合）です。 30点（1つ10点）

① 15 16 17 18 19 20 21 22

② 0.5 1 2 3 4 5 6

(1) 図の①は（　　　　　　　）、②は（　　　　　　　）をそれぞれ気体検知管で調べたものである。

(2) 図から、空気中には酸素が（　　　　）％あり、二酸化炭素はわずかしかないということがわかる。

③ 次の文の□にあてはまる言葉を下の　　　　から選んでかきましょう。 20点（1つ5点）

(1) 空気中で、最も多くふくまれている気体は□□□である。

(2) 空気中で、□□□□□はわずかしかふくまれない。

(3) 空気中の気体の割合は、□□□□□を使って調べることができる。

(4) □□は、空気の約21％をしめている。

(1)
_____
(2)
_____
(3)
_____
(4)
_____

| 酸素　二酸化炭素　ちっ素　気体検知管 |

30点（1つ15点、なぞりは点数なし）

だいじな まとめ

空気は、ちっ素や酸素、二酸化炭素などが混ざったものである。空気の成分は、（ 気体検知管 ）を使って調べられる。全体の約78％が（　　　　）、約21％が（　　　　）である。

 ①「酸素」、「ちっ素」から選びましょう。

3 1 ものの燃え方
ものが燃えたときの空気の変化

1 下の図は、ろうそくが燃えた後の空気の変化を調べています。次の問いに答えましょう。

(3)は、{　}にあてはまる言葉を〇で囲みましょう。🔍実験　　　　30点（1つ10点）

(1) 石灰水を使って調べることができるのは何と
いう気体ですか。💡　　（　　　　　　　　）

(2) (1)の気体によって石灰水はどのように変化し
ますか。　　　　　　　（　　　　　　　　）

(3) (2)の結果から、ろうそくが燃えた後の空気に
は、{ 酸素・二酸化炭素 } が多くふくまれていることがわかる。

火が消えた後、
ろうそくを
取り出す。

石灰水をいれ、
よくふる。

2 ろうそくが燃える前と燃えた後の空気を、気体検知管を使って調べました。（　）にあて
はまる数や言葉をかきましょう。　　　　　　　　　　　　　40点（1つ10点）

	酸素の割合	二酸化炭素の割合
ろうそくが燃える前の空気	⎣15 16 17 18 19 20 21 22⎦ 21%	⎣0.5 1 2 3 4 5 6⎦ ごくわずか
ろうそくが燃えた後の空気	⎣15 16 17 18 19 20 21 22⎦ （　%）	⎣0.5 1 2 3 4 5 6⎦ （　%）

(1) ろうそくが燃えた後の空気にふくまれる酸素と二酸化炭素の割合は何%ですか。
気体検知管の目盛りを読み、上の表にかきましょう。

(2) ろうそくが燃える前と燃えた後の空気を気体検知管で調べると、ろうそくが燃え
たとき、（　　　　　）が減り、二酸化炭素が（　　　　　）たことがわかる。

↰30点（1つ15点、なぞりは点数なし）

だいじな
まとめ

ろうそくや木が燃えると、空気中の（　　　　）の一部が使われ、
（　　　　　　　　）が発生する。空気の成分は、気体検知管や
（ 石灰水 ）などを使って調べることができる。

💡 **1** (1)「ちっ素」、「酸素」、「二酸化炭素」の中から選びましょう。

1 下の図のようなそれぞれの気体の入ったびんに、火のついたろうそくを入れました。
（　）にあてはまる言葉を下の ⬚ から選んでかきましょう。 💡ヒント 🔍実験　40点（1つ10点）

(1) （　　　　　　　　　　）を入れたびんでは、ろ
うそくが激（はげ）しく燃えた。

(2) （　　　　　　　　　　）や
（　　　　　　　　　　）を入れたびんでは、ろう
そくの火が消えた。

(3) (1)、(2)から、酸素にはどんな性質がありますか。
（　　　　　　　　　　　　　）性質

酸素　ちっ素　二酸化炭素

ちっ素（そ）　酸素（さんそ）　二酸化炭素（にさんかたんそ）　ものを燃やす　火を消す

2 下の図のように酸素の中で木を燃やしました。〔　〕にあてはまる言葉を選び、○で囲み
ましょう。　10点（1つ5点）

火のついた木を酸素の中に入れると、
〔 火はすぐに消えた・激しく燃えた 〕。
その後、びんの中の気体を気体検知管で調べると、
二酸化炭素が 〔 多くふくまれていた・
全くふくまれていなかった 〕。

――酸素

3 次の文で正しいものには○、まちがっているものには×をつけましょう。　40点（1つ10点）

(1) 酸素はものを燃やすはたらきがある。

(2) ちっ素の入ったびんの中に、火がついたろうそくを入
れるとほのおが大きくなる。

(3) 二酸化炭素は、石灰水を白くにごらせる。

(4) 空気中で木や紙を燃やすと、灰（はい）や炭が残る。

(1) _____

(2) _____

(3) _____

(4) _____

〔　〕の中の正しい言葉を選んで、○で囲もう。　10点（1つ5点、なぞりは点数なし）

だいじな
まとめ

酸素中では、ものが〔 激しく・おだやかに 〕燃え、空気中では、ものが
おだやかに燃える。これは、ものを燃やすはたらきがない（　　　　　　）
や（ 二酸化炭素 ）が空気中にふくまれているからである。

💡ヒント ちっ素や二酸化炭素には、ものを燃やすはたらきがありません。

5 まとめのテスト1

1 下の図のように、ろうそくを燃やしました。次の問いに答えましょう。　40点（1つ5点）

(1) ①のびんの中で、ろうそくの火はどう　①　　　　　　　②
なりますか。　　　　　（　　　　　　　）

(2) ②のびんの中で、ろうそくの火はどう
なりますか。　　　（　　　　　　　）

(3) ②のびんに、㋐、㋑のようにせんこう
を近づけました。けむりは、それぞれどのように動きますか。
㋐（　　　　　　　　　　　　）㋑（　　　　　　　　　　　　　　）

(4) せんこうのけむりの動きは、何の動きと同じですか。　　　　（　　　　　　　）

(5) 次の（　）にあてはまる言葉を下の □ から選んでかきましょう。
せんこうの（　　　　　　）の動きから、燃え続けるとき、（　　　　　　　　　）
がびんの下から入り、燃えた後の空気がびんの（　　）から出ていくことがわかる。

上　　下　　新しい空気　　けむり

2 気体検知管を使って、ろうそくが燃えた後の空気を調べました。🔬実験　40点（1つ10点）

(1) それぞれの気体検知管の目盛りを読みましょう。
㋐ ┤15─16─17─18─19─20─21─22├（　　）%　　㋑ ┤0.5─1─2─3─4─5─6├（　　）%
酸素（さんそ）　　　　　　　　　　　　　　二酸化炭素（にさんかたんそ）

(2) ろうそくが燃えて増えた気体は何ですか。　　　　　（　　　　　　　）

(3) ろうそくが燃えて減った気体は何ですか。　　　　　（　　　　　　　）

3 びんの中で木や紙を燃やしました。　20点（1つ10点）

(1) 木や紙が燃えた後、何が残りますか。　　　　　　（　　　　　　　）

(2) 燃えた後の空気を調べました。次の（　）にあてはまる言葉をかきましょう。
びんに石灰水（せっかいすい）を入れて、よくふると、白くにごった。このことから、びんの中に
は、（　　　　　　　　　　）が多くふくまれていることがわかる。

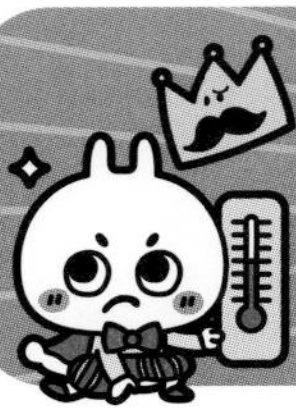

6 まとめのテスト2

月　日　時間15分　答え59ページ
名前
/100点

1 **びんの中で木を燃やし、燃える前と燃えた後のびんの中の空気を調べました。次の問いに答えましょう。**

25点（1つ5点）

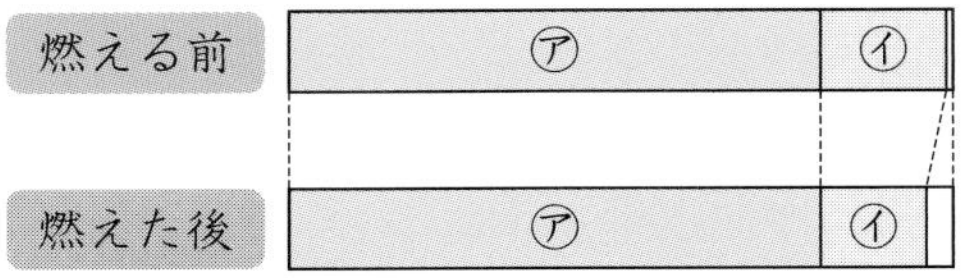

燃える前
㋐
㋑
燃えた後
㋐
㋑

(1) ㋐は何という気体ですか。（　　　　）

(2) ㋑は何という気体ですか。（　　　　）

(3) 木が燃えた後も割合(わりあい)が変わらなかった気体は何ですか。（　　　　）

(4) 木が燃えた後、割合が減った気体は酸素(さんそ)と二酸化炭素のどちらですか。

（　　　　）

(5) 木が燃えた後、割合が増えた気体は酸素と二酸化炭素のどちらですか。

（　　　　）

2 **下の図のように、空気、ちっ素(そ)、酸素が別々に入ったびんの中に、火のついた木を入れて実験しました。次の問いに答えましょう。(3)は、（　）にあてはまる言葉をかきましょう。**

実験　25点（1つ5点）

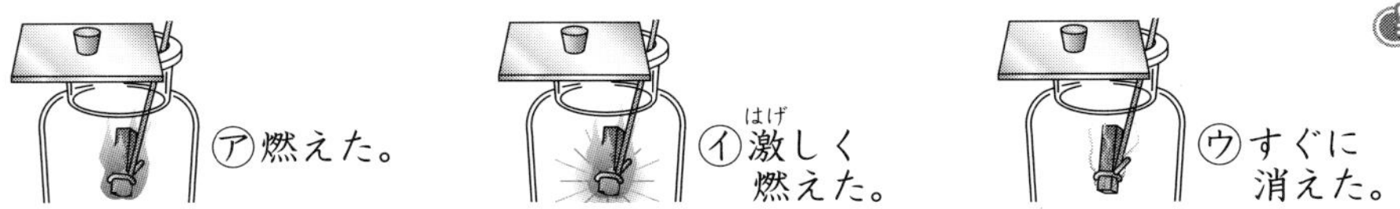

㋐燃えた。
㋑激(はげ)しく燃えた。
㋒すぐに消えた。

(1) ㋐〜㋒のびんに入っている気体は、それぞれ何ですか。

㋐（　　　　）　㋑（　　　　）　㋒（　　　　）

(2) ものを燃やすはたらきのある気体は、ちっ素と酸素のどちらですか。（　　　　）

(3) ㋐には、ものを燃やすはたらきのある(2)の気体のほかに、ものを燃やすはたらきのない（　　　　）や二酸化炭素もふくまれるため、㋑よりおだやかに燃える。

3 **下の図のように木をかんの中で燃やしました。次の問いに答えましょう。(3)は、（　）にあてはまる言葉をかきましょう。**

50点（1つ10点、(3)は順不同）

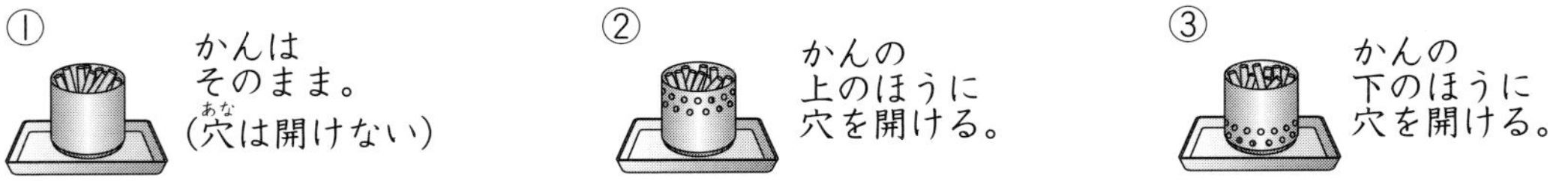

①
かんはそのまま。（穴(あな)は開けない）
②
かんの上のほうに穴を開ける。
③
かんの下のほうに穴を開ける。

(1) 木が最もよく燃えるのは、①〜③のどれですか。（　　）

(2) この実験から、穴の位置と、木の燃え方についてわかることをかきましょう。

（　　　　　　　　　　）

(3) 木がよく燃えるためには、空気の（　　）口と（　　）口がなくてはならない。

(4) 木が燃えた後、何が残りますか。（　　　　）

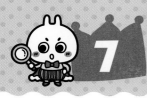

日光と葉のでんぷん

月　日　時間10分　答え59ページ
名前　　/100点

1 下の図のように、ジャガイモの葉に養分がつくられるか調べました。(　)にあてはまる言葉をかきましょう。 ヒント 実験　30点(1つ15点)

〈葉をアルミニウムはくで包む〉　〈葉をにて、ヨウ素液で調べる〉

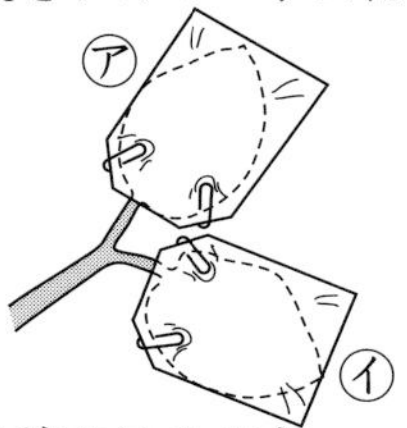

→ ㋐アルミニウムはくを外す。 —日光を当てる。→ 葉の色が変わった。

→ ㋑アルミニウムはくで包んだまま。 —日光を当てない。→ 葉は緑色のままだった。

①前の日の夕方　②次の日の朝　③5時間後

(　　　)を当てた㋐の葉の色が、ヨウ素液で青むらさき色に変化した。このことから、葉で(　　　　)がつくられたことがわかる。

2 下の図のように、日光に当てたジャガイモの葉の養分を調べました。(　)にあてはまる記号や言葉をかきましょう。 実験　50点(1つ10点、(1)は全部できて30点)

(1) 葉の養分の調べ方が正しくなるように、①〜④を順に並(なら)べましょう。

(　　→　　→　　→　　)

ろ紙をゴム板とビニルシートにはさみ、木づちでたたく。

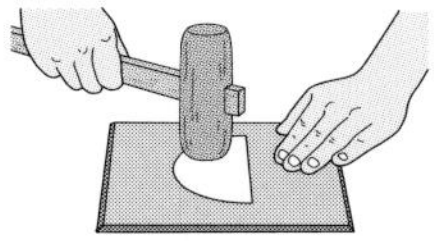

①

葉をはがして、ろ紙を[あ]液につける。

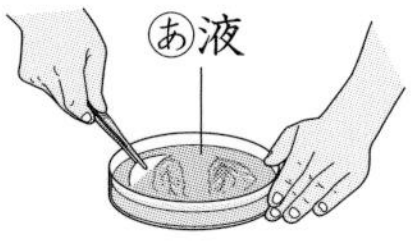

②

葉を熱い湯に1〜2分間入れた後、ろ紙にはさむ。

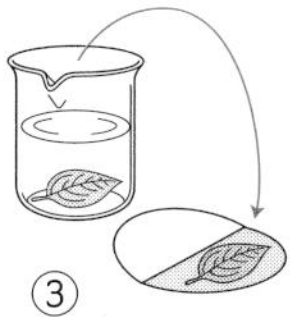

③

水の中で、ろ紙が破れないように静かに洗(あら)う。

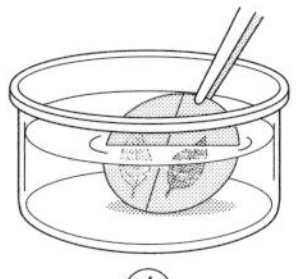

④

(2) [あ]液は、でんぷんを調べる(　　　　)である。

(3) [あ]液につけると、ろ紙は青むらさき色になる。葉に日光が当たると、(　　　　)という養分ができる。

20点(1つ10点、なぞりは点数なし)

だいじなまとめ 植物の葉に日光が｛当たらない・当たる｝と、でんぷんができる。植物は、生きるための(養分)を自分で｛つくる・つくらない｝。

ヒント 1 「でんぷん」、「日光」から選びましょう。

2 植物の体のはたらき

8 植物に取り入れられる水

1 下の図のように、色をつけた水にホウセンカを入れ、数時間後に観察をしました。（ ）にあてはまる言葉を下の □ から選んでかきましょう。🔍実験　20点(1つ5点)

時間がたつと、三角フラスコの中の水のかさは（　　　　　）いた。色をつけた水でホウセンカが染（そ）まったところは、（　　　　）の通り道だと考えられる。この通り道は、根から（　　　　）を通って（　　　　）へと続く。

葉　くき　根　水　空気　減って　増えて

はじめの
水面の位置

2 色をつけた水にホウセンカの根を入れ、数時間後にくきを、縦（たて）と横に切りました。染まった部分を表す図として、正しい図の（ ）に〇をつけましょう。🔍実験　30点(1つ15点)

縦

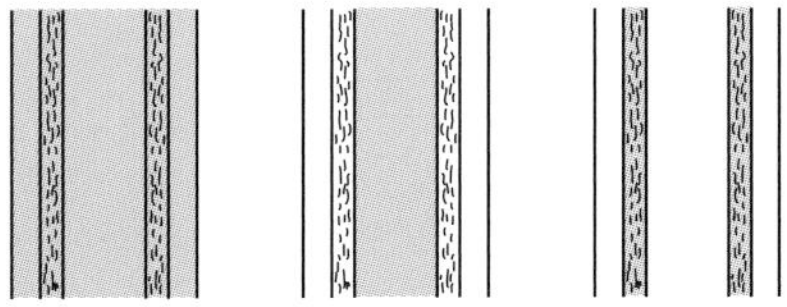

（　　）　（　　）　（　　）

横

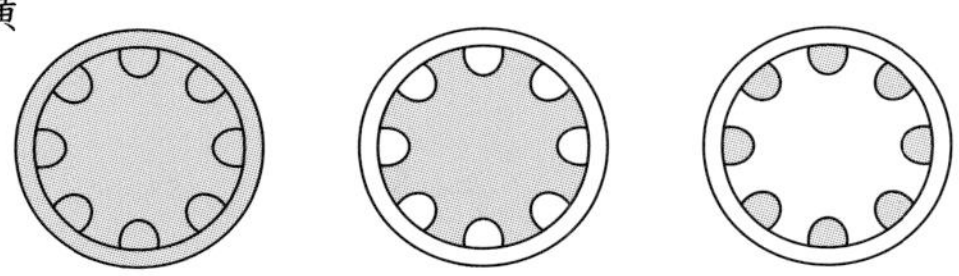

（　　）　（　　）　（　　）

3 次の問いに答えましょう。また、□にあてはまる言葉をかきましょう。　40点(1つ10点)

(1) 水の入ったびんに植物を入れ、数時間おくと、水のかさはどうなりますか。

(2) ほとんどの水は、植物の□から取り入れられる。

(3) 水の通り道は、根からくき、くきから□へと続いている。

(4) 根から取り入れられた水は、植物の体全体まで行きわたりますか。

(1) _____

(2) _____

(3) _____

(4) _____

10点(全部できて10点、なぞりは点数なし)

だいじな
まとめ
植物の（　　　）、（　　　　）、（　　　）には、水の（ 通り道 ）があり、この通り道を通って、水が植物の体全体まで行きわたる。

きほんのドリル

9

2 植物の体のはたらき

植物の体から出ていく水

月　日　時間10分　答え60ページ

名前

/100点

1 下のホウセンカの図を見て、（　）にあてはまる記号や言葉を下の［　］から選んでかきましょう。💡 30点（1つ10点）

しばらく置いておくと、（　　）のふくろの内側がくもってきて、水てきが見られた。もう一方のふくろはほとんど見られなかった。

このことから、（　　）から取り入れられた水は、おもに（　　）から空気中に出ていくと考えられる。

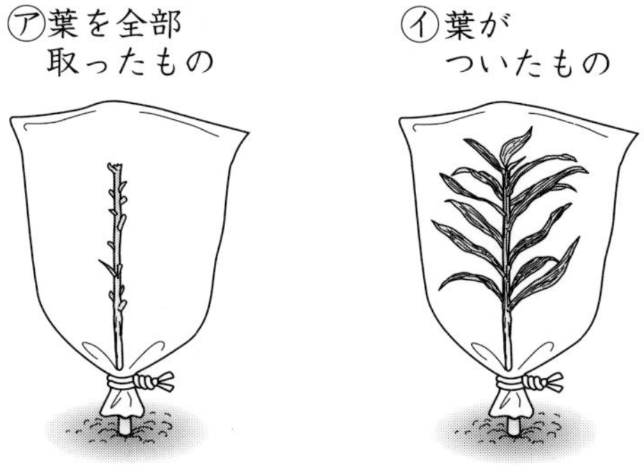

㋐葉を全部取ったもの
㋑葉がついたもの

㋐　㋑　根　くき　葉　水

2 下の図のように葉の裏（うら）のとうめいなうすい皮をけんび鏡で観察しました。次の（　）にあてはまる言葉をかきましょう。💡 [実験] 30点（1つ10点）

植物の葉に見られる㋐のような小さな穴（あな）を（　　　　　）という。

水は㋐から（　　　　　）になって出ていく。このことを（　　　　　）という。

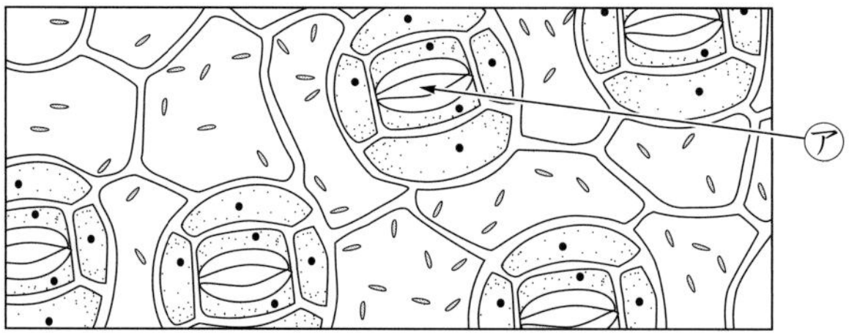

㋐

3 次の問いに答えましょう。また、□にあてはまる言葉をかきましょう。 20点（1つ5点）

(1) 根から取り入れられた水は、根、くき、葉のうち、おもにどこから外へ出ますか。

(2) 葉の表面（ひょうめん）から、水は①□□□となって空気中に出ていく。このことを②□□という。また、①が出ていく小さな穴（あな）を③□□□という。

(1)＿＿＿＿

(2)①＿＿＿＿

②＿＿＿＿

③＿＿＿＿

20点（1つ10点、なぞりは点数なし）

だいじなまとめ　植物の葉の表面（ひょうめん）にある（　　　　　）という小さな穴から、水が（ 水蒸気 ）となって出ていくことを ｛ 蒸散（じょうさん）・蒸気（じょうき） ｝ という。

💡 **1** 根から取り入れられた水は、根、くき、葉の水の通り道を通ります。

2 「水蒸気（すいじょうき）」、「気こう」、「蒸散」から選びましょう。

10 まとめのテスト1

1 ジャガイモの葉について、次の文の（　）にあてはまる言葉をかきましょう。20点(1つ10点)

ヨウ素液で調べると、日光に当たった葉は青むらさき色になり、日光に当たらなかった葉は緑色のままだった。葉に（　　　　　）が当たると（　　　　　）ができる。

2 下のホウセンカの図を見て、次の問いに答えましょう。　50点(1つ10点)

(1) ふくろをかけてから数分たつと、ふくろの内側はどうなりますか。

（　　　　　　　　　　　　　）

(2) 根から取り入れた水は、根、くき、葉のうちおもにどこから空気中に出ていきますか。

（　　　　）

(3) (2)の部分から出ていく水は、何になって出ていきますか。　　　　　（　　　　）

(4) 植物の体から、水が(3)のように姿を変えて空気中に出ていくことを何といいますか。　（　　　　）

(5) ふくろを外して、1日たつと、フラスコの中の水はどうなりますか。

（　　　　　　　　　）

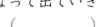

3 右の図のように、ホウセンカを色をつけた水に入れ、数時間ようすを観察しました。次の文の正しいものに〇をつけましょう。また、次の問いに答えましょう。🧪実験 30点(1つ10点)

(1) 色のついたところは、どの部分ですか。

（　　）葉の先にだけ色がついている。
（　　）根にだけ色がついている。
（　　）根、くき、葉に色がついている。

(2) 根から取り入れた水は、どのようになりますか。

（　　）根、くき、葉を通る。
（　　）根、くきを通って、葉は通らない。
（　　）根からくきを通って、おもにくきから外へ出される。

(3) この実験で、色のついたところは何の通り道ですか。　（　　）

11 まとめのテスト2

月 日	時間15分	答え60ページ
名前		/100点

1 下の図のように、葉の裏のとうめいなうすい皮をけんび鏡で観察しました。次の問いに答えましょう。 40点（1つ10点）

(1) 図の㋐の穴を何といいますか。

（　　　　）

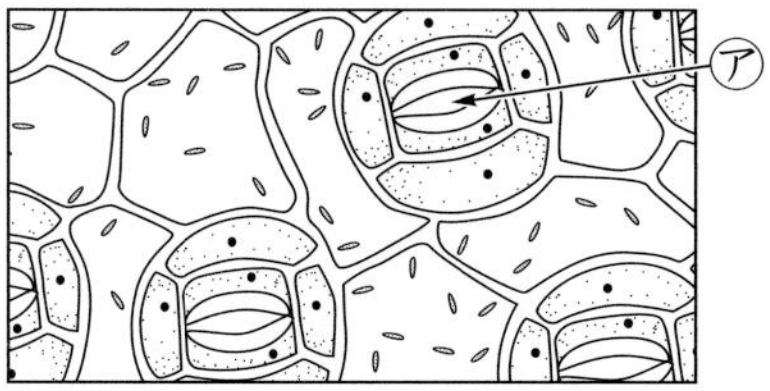

(2) (1)はどんなはたらきをしますか。（　）にあてはまる言葉をかきましょう。

根から取り入れた（　　）を水蒸気として空気中へ出す。このはたらきを（　　　）という。

(3) 水はおもに、根・くき・葉のどこから出ていきますか。（　　）

2 色をつけた水にホウセンカの根を入れ1日おき、くきを横と縦に切りました。次の問いに答えましょう。 40点（1つ10点）

(1) 切り口のようすを表した図として、それぞれ正しいものに○をつけましょう。

①

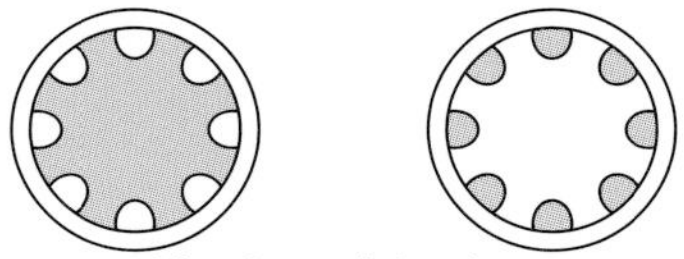

横に切った切り口

（　　）　（　　）

②

縦に切った切り口

（　　）　（　　）

(2) 色のついたところは、何が通った部分ですか。（　）にあてはまる言葉をかきましょう。

ホウセンカの（　　）から取り入れられた（　　）の通った部分。

3 次の問いに、【　】の中の言葉を使って答えましょう。 20点（1つ10点）

(1) 根から取り入れられた水が、どのように葉から出ていくのか説明しましょう。

【葉、気こう、水蒸気】

（　　　　　　　　　　　　　　　　　　　　　　　　）

(2) 植物の養分と日光の関係を説明しましょう。

【日光が当たる、葉、でんぷん】

（　　　　　　　　　　　　　　　　　　　　　　　　）

12

① 下の図や文の ☐ にあてはまる言葉を、下の ☐ から選んでかきましょう。

30点（1つ5点）

口

こう門

大腸　小腸　かん臓
消化管　胃　食道

口からこう門までのつながって
いる管を ☐ という。

小腸を広げるとテ
ニスコート一面分
の広さになるよ。

② 次の（　）にあてはまる言葉を、下の ☐ から選んでかきましょう。　20点（1つ5点）

食べ物は、だ液や胃液といった（　　　　　）のはたらきで、体に吸収されやすい
ものに変えられ、おもに（　　　　）で吸収される。
吸収された養分は、（　　　　　）にたくわえられたり、血液によって（　　　　）
に運ばれて、生きていくために使われたりする。

全身　　小腸　　かん臓　　消化液

③ 次の問いに答えましょう。　　　　　　　　　　　　　　　　30点（1つ10点）

(1)　口から入った養分がおもに吸収される臓器は何ですか。　(1)

(2)　食べ物を吸収されやすいものに変えるはたらきを何と　(2)
　　いいますか。
　　　　　　　　　　　　　　　　　　　　　　　　　　　(3)

(3)　(2)のはたらきをする液を何といいますか。　　　20点（1つ10点、なぞりは点数なし）

だいじな
まとめ

食べ物をかみくだいたり、吸収されやすいものに変えたりするはたらき
を { 消化・吸収 } といい、（ だ液 ）や（ 胃液 ）を { 消化液・
吸収液 } という。

 ③「消化」、「消化液」、「小腸」から選びましょう。

13　3　ヒトや動物の体のはたらき
だ液による食べ物の変化

月　　日　時間 **10**分　答え **61** ページ

名前

/100点

1 下の図のように、㋐、㋑のろ紙の一方だけにだ液をつけて、だ液のはたらきを調べました。次の問いに答えましょう。 実験

50点（1つ10点）

(1)　水の温度は何度ぐらいが適当ですか。

（　0℃ ・ 10℃ ・ 40℃ ・ 80℃　）

(2)　水を(1)の温度にするのはなぜですか。

（　　　　　　　　　　　　　　　　　　　　　　　　　）

(3)　ろ紙にでんぷんをふくませ、5分後ヨウ素液をつけると、㋐は変化がなく、㋑は青むらさき色になりました。でんぷんがなくなったのはどちらですか。（　　）

(4)　だ液をつけたのはどちらですか。　　　　（　　）

(5)　だ液は、でんぷんをどのようにするはたらきがありますか。

（　　　　　　　　　　　　　　　　　　　　　　　　　　　　　　　　　）

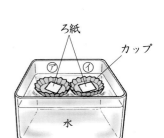

ろ紙

カップ

㋐　㋑

水

2 次の文で正しいものには〇、まちがっているものには×をつけましょう。

40点（1つ10点）

(1)　だ液は、でんぷんを別のものに変えるはたらきがあるので、でんぷんにだ液を混ぜたものにヨウ素液をつけると青むらさき色になった。

(2)　だ液には、でんぷんを別のものに変えるはたらきがないので、でんぷんにだ液を混ぜたものにヨウ素液をつけても色は変化しない。

(3)　でんぷんにだ液を混ぜたものにヨウ素液をつけると、でんぷんとはちがうものに変わったので、ヨウ素液の色は変わらなかった。

(4)　だ液のようなはたらきをするものを消化液という。

(1) _____
(2) _____
(3) _____
(4) _____

10点（1つ5点、なぞりは点数なし）

だいじな
まとめ

だ液は、｛ ヨウ素液 ・ でんぷん ｝ を別のものに変えるはたらきがある。（ でんぷん ）に ｛ だ液 ・ 水 ｝ を混ぜたものにヨウ素液をつけても、色は変わらない。

 1 ヒトの体の中の状態にできるだけ近づけて、実験を行います。
2 でんぷんにヨウ素液をつけると、青むらさき色に変化します。

きほんのドリル

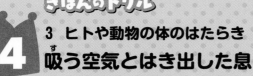

14 3 ヒトや動物の体のはたらき
吸う空気とはき出した息

月　日	時間10分	答え61ページ
名前		/100点

1 下の図のように、吸う空気とはき出した息のちがいを調べました。次の問いに答えましょう。 ヒント 実験

40点（１つ10点）

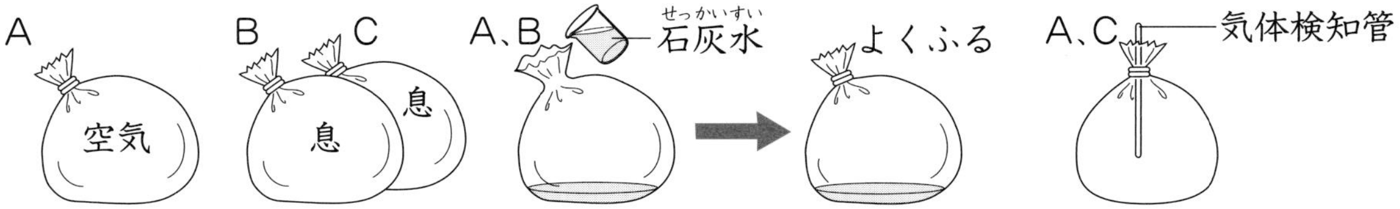

(1) A、Bのそれぞれに石灰水を入れてふるとどうなりますか。

A(　　　　　　　　　　)

B(　　　　　　　　　　)

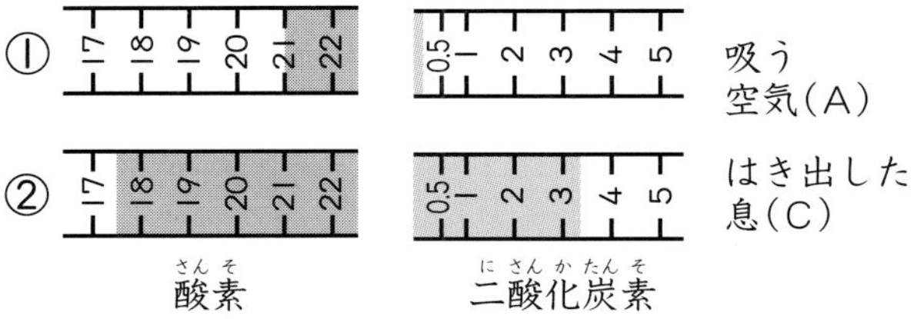

(2) 右の①、②は、AとCを気体検知管で調べた結果です。次の(　)にあてはまる言葉をかきましょう。

はき出した息は、吸う空気と比べ、(　　　　)が減り、(　　　　　　　　)が増える。

2 下の呼吸に関係する体のつくりの図を見て、次の問いに答えましょう。

40点（１つ10点）

(1) ㋐と㋑の名前をそれぞれかきましょう。 ヒント

㋐(　　　　)　㋑(　　　　)

(2) ㋑では、吸いこまれた空気中の(　　　　)の一部が血液に取り入れられ、血液中の(　　　　　　　)が出される。

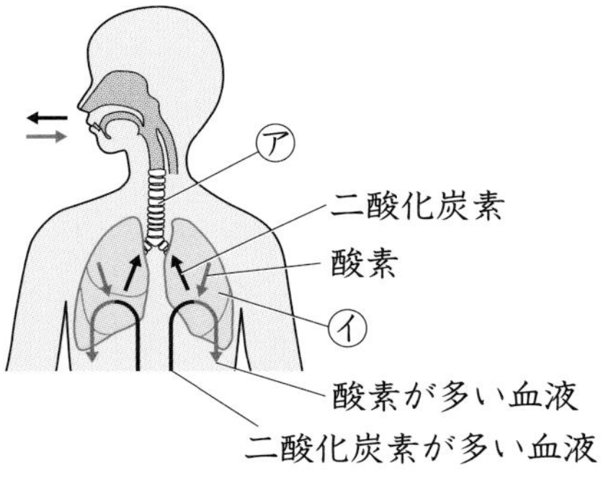

20点（１つ10点、なぞりは点数なし）

だいじなまとめ

空気を吸ったり、息をはき出したりすると、空気中の｛ 酸素・二酸化炭素 ｝の一部が取り入れられ、｛ 酸素・二酸化炭素 ｝が体内から出される。

ヒント
1 石灰水は二酸化炭素と混ざると白くにごります。
2 (1)「肺」、「気管」から選びましょう。

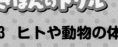

月　　日　　時間 **10**分　答え **61** ページ

名前

/100 点

❶ 下の図は、血液の流れのようすを表しています。次の問いに答えましょう。

20点（1つ5点）

(1) ㋐は何ですか。下の □ から選んでかきましょう。

（　　　　　）

肺 はい　心臓 しんぞう　胃 い　大腸 だいちょう　小腸 しょうちょう

(2) ㋐は、どのようなはたらきをしていますか。正しいものを1
つ選んで、○をつけましょう。

（　　　）血液を全身に送る。　（　　　）血液をためる。

（　　　）血液を別のものにつくりかえる。

(3) 次の（　）にあてはまる言葉を、「脈はく」、「はく動」から選
んで、かきましょう。

㋐は、縮んだりゆるんだりして血液を送り出す。この動きを
（　　　　　　　　）という。この動きは、血管を伝わり、手首など
でも感じることができる。これを（　　　　　　　）という。

㋐

❷ 次の（　）にあてはまる言葉を、「二酸化炭素」、「酸素」から選んでかきましょう。

20点（1つ10点）

血液は、全身をめぐっている。心臓から全身へ送り出される血液には
（　　　　　　　　）が多くふくまれ、全身から心臓へもどってくる血液には
（　　　　　　　　）が多くふくまれる。

❸ 次の文で正しいものには○、まちがっているものには×をつけましょう。　30点（1つ15点）

(1) 心臓が血液を送り出す動きをはく動という。　　　　　(1) _____

(2) 脈はくは、はく動が血管を伝わり、手首などで感じる　(2) _____
動きのことである。

30点（1つ10点、なぞりは点数なし）

だいじな
まとめ

（ 血液 ）は、（　　　　　　）から送り出され、全身に｛ 酸素・
二酸化炭素 ｝ や養分を運んだり、｛ 酸素・二酸化炭素 ｝ や体に不要
なものを受け取って運んだりする。

ヒント **❶** 心臓は、血液を送り出すポンプのようなはたらきをします。

月　日　時間10分　答え61ページ

名前　　/100点

3 ヒトや動物の体のはたらき
じん臓(ぞう)・ぼうこう・にょう

1 下の図を見て、(　)にあてはまる言葉を、下の［　］から選んでかきましょう。
30点(1つ10点)

(1) ㋐と㋑の名前をそれぞれかきましょう。
㋐(　　　　　)　㋑(　　　　　)

(2) 全身をめぐってきた血液は、体の各部分で不要になったものをふくんでいる。㋐では、血液中の不要なものや余分な水分がこし出され、(　　　　　)ができる。

ぼうこう　じん臓　にょう

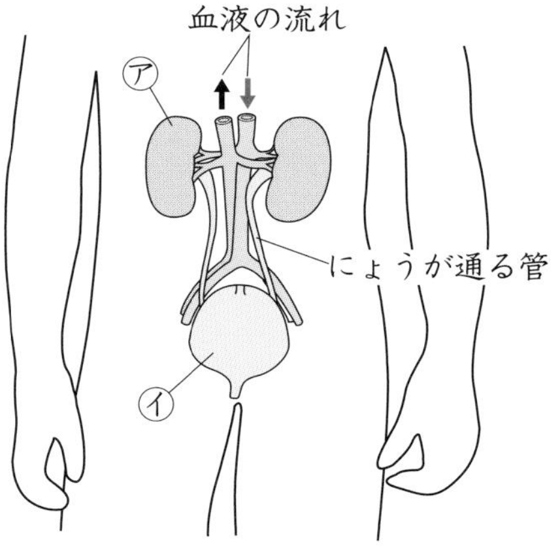

2 次の文で正しいものには○、まちがっているものには×をつけましょう。　50点(1つ10点)

(1) ぼうこうは、にょうをためるところである。
(2) にょうは、心臓(しんぞう)でつくられた体に不要なものである。
(3) にょうは、消化管(しょうかかん)で吸収(きゅうしゅう)されなかった養分である。
(4) にょうは、血液中の不要なものや水がこし出されたもので、じん臓でつくられる。
(5) にょうは、じん臓から出ている管を通ってぼうこうへ運ばれる。

(1)
(2)
(3)
(4)
(5)

体内でできた不要なものは、血液でじん臓に運ばれるよ。

20点(1つ10点、なぞりは点数なし)

だいじなまとめ

背中(せなか)側にある、ソラマメのような形をした(　　　　　)は、血液中の不要なものをこし出して、(　　　　　)できる。それは、しばらく(ぼうこう)にためられ、やがて体外へ出される。

ヒント **1** 血液中の不要なものや余分な水分がこし出され、にょうができます。

1 下の図を見て、（　）にあてはまる言葉を下の □ から選んでかきましょう。（同じ言葉をくり返して使ってもよいです。）　40点（1つ5点、(1)は全部できて20点）

(1) 口から取り入れられた食べ物は、次の順で通ります。

食道→（　　　　）→（　　　　）→（　　　　）→こう門

(2) 口からこう門までの食べ物の通り道を（　　　　）という。

(3) (2)で消化された養分は、おもに（　　　　）で吸収され、（　　　　）の中に入り、（　　　　）にたくわえられる。

> 大腸　小腸　胃　かん臓　血液　消化管

2 呼吸のはたらきを調べました。次の問いに答えましょう。　20点（1つ5点）

(1) ポリエチレンのふくろに吸う空気（周りの空気）を入れ、石灰水を入れてよくふりました。石灰水は、どうなりますか。　（　　　　　　　）

(2) ポリエチレンのふくろに息をふきこみ、石灰水を入れてよくふりました。石灰水は、どうなりますか。　（　　　　　　　）

(3) このことから、はき出した息には、何が増えたといえますか。（　　　　　　）

(4) 呼吸に関わり、空気中の酸素を血液に取りこむ臓器を何といいますか。　（　　　　　）

3 次の文の（　）にあてはまる言葉を下の □ から選んでかきましょう。　40点（1つ5点）

(1) 血液は、心臓のはたらきで（　　　　）に送られている。

(2) 心臓が血液を送り出す動きを（　　　　）という。この動きは、（　　　　）などで感じることができ、これを（　　　　）という。

(3) 血液は、全身に（　　　　）や養分を運び、体に不要なものや（　　　　　　）を受け取る。

(4) 血液中の不要なものや余分な水分は、（　　　　）でこし出され、にょうとなる。にょうは、しばらく（　　　　）にためられ、その後、体外へ出される。

> 手首　全身　はく動　脈はく　酸素　二酸化炭素　じん臓　ぼうこう

月　日　時間**15**分　答え**62**ページ

名前

/100点

1 下の図を見て、ヒトの食べ物の取り入れ方について、次の問いに答えましょう。

40点(1つ5点)

(1) 食べ物を体に取り入れやすいものに変えるはたらきを何といいますか。（　　　　　）

(2) ㋐〜㋓を何といいますか。　㋐（　　　　）　㋑（　　　　）　㋒（　　　　）　㋓（　　　　）

(3) でんぷんにヨウ素液をつけると色は変わりますか。（　　　　　　　）

(4) でんぷんにだ液を加え、数分後、ヨウ素液をつけると色は変わりますか。（　　　　　　　）

(5) だ液や胃液のようなはたらきをするものを何といいますか。（　　　　　　　）

2 ヒトの体のはたらきについて、（　）にあてはまる言葉を下の□から選んでかきましょう。（同じ言葉をくり返して使ってもよいです。）

40点(1つ5点)

(1) ヒトは呼吸によって、（　　）で、空気中の（　　　　）の一部を体内に取り入れ、（　　　　　　）を体外へ出している。

(2) 体に取り入れられた食べ物は、口からこう門へ続く（　　　　　）を通り、消化された養分は（　　　　）で吸収される。

(3) 血液は（　　　　）のはたらきで全身に送られ、（　　　　）や二酸化炭素を運んでいる。

(4) 体の中に取り入れた養分は、血液によって体の各部分へ運ばれ、エネルギーとして使われたり、（　　　　　）にたくわえられたりする。

酸素　二酸化炭素　肺　心臓　小腸　消化管　かん臓

3 次の文で正しいものには〇、まちがっているものには×を（　）にかきましょう。

20点(1つ5点)

（　　）心臓のはく動と脈はくは、ずれることが多い。

（　　）ヒトがはき出した息には、酸素がふくまれていない。

（　　）心臓は、たえず縮んだりゆるんだりしながら血液を送り出している。

（　　）じん臓は、血液中の体に不要なものをこし出している。

1 下の図のように、生物どうしの関係を調べました。（　）にあてはまる言葉をかきましょう。 💡

30点（1つ10点）

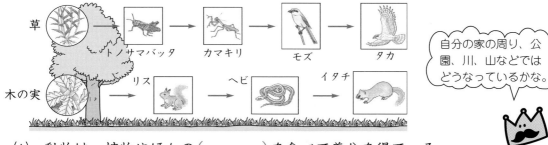

草　トノサマバッタ　カマキリ　モズ　タカ

木の実　リス　ヘビ　イタチ

> 自分の家の周り、公園、川、山などではどうなっているかな。

(1) 動物は、植物やほかの（　　　　　　）を食べて養分を得ている。

(2) 生物どうしは、食べる・（　　　　　　）という関係でつながっている。このつながりを（　　　　　　）という。

2 次の（　）にあてはまる言葉をかきましょう。 💡

20点（1つ10点）

植物は、（　　　　）が葉に当たることで、自分で（　　　）をつくることができる。動物は、植物やほかの動物を食べて養分を得ている。

3 次の文で正しいものには〇、まちがっているものには×をつけましょう。　20点（1つ5点）

(1) すべての動物は、植物だけを食べて生きている。

(2) 植物は、日光が当たると自分で養分をつくることができる。

(3) 生物どうしの「食べる・食べられる」の関係のつながりを食物れんさという。

(4) ヒトや動物は、自分で養分をつくることができる。

(1) _____

(2) _____

(3) _____

(4) _____

↩30点（1つ10点、なぞりは点数なし）

>
> だいじな
> まとめ
>
> 生きていくため、動物は（　　　　）や、ほかの（　　　　）を食べる。生物どうしの「（ 食べる・食べられる ）」の関係のつながりを（　　　　　　）という。

💡 **1** 生物どうしの「食べる・食べられる」の関係のつながりを食物れんさといいます。

💡 **2** 動物は自分で養分をつくることはできませんが、植物は自分でつくることができます。

きほんのドリル

20

4 生物どうしのつながり

水中の小さな生物

月 日	時間 **10**分 答え **62**ページ
名前	
	/100点

1 池や川の水中には、小さな生物がいます。下の図の ☐ にあてはまる生物の名前を、
下の ☐ から選んでかきましょう。 💡

40点（1つ10点）


```
ミジンコ    ゾウリムシ    ツボワムシ    ケンミジンコ
```

2 下の図を見て、（ ）にあてはまる言葉を、下の ☐ から選んでかきましょう。 💡

30点（1つ10点）

・池や川の水中で、メダカは（　　　　　　　　）を食べ、ミ
ジンコはさらに小さい（　　　　　　　　）を食べる。
・メダカやメダカの（　　　　　　　　）が、ほかの生物に食べら
れることもある。

```
たまご    イカダモ    ミジンコ
```

3 次の☐にあてはまる言葉を下の ☐ から選んでかきましょう。

20点（1つ10点）

(1) 池や川の水中には、小さな☐☐がたくさんすんでいる。(1) _____

(2) 池や川で、メダカなどの魚は、水中の小さな生物を☐ (2) _____
☐☐いる。

```
食べて    守って    生物
```

🔻10点

> **だいじな まとめ** 水中の生物どうしも、{ 小さな・大きな } 生物を出発点とする食物れ
> んさでつながり合っている。

💡 **1** 名前が形を表しているものもあります。
2 メダカはミジンコを食べ、ミジンコはイカダモを食べます。

4 生物どうしのつながり
小さな生物を見る方法

1 けんび鏡について、□にあてはまる言葉を、下の□から選んでかきましょう。

実験 60点（1つ10点）

つつ

アーム

クリップ

反しゃ鏡　調節ねじ　ステージ　接眼レンズ（せつがん）　対物レンズ　レボルバー

2 対物レンズとプレパラートの関係について、次の（　）にあてはまる言葉をかきましょう。

実験 20点（1つ10点）

対物レンズ

プレパラート

・けんび鏡を横から見ながら調節ねじを回して、対物レンズと（　　　　　　　　）をすれすれまで近づける。

・調節ねじを少しずつ回して、（　　　　　　　　）からプレパラートをはなしていき、ピントを合わせる。

3 けんび鏡の使い方について、次の□にあてはまる言葉をかきましょう。　10点（1つ5点）

(1)　目をいためるので、□□が直接当たるところでは、使わない。

(2)　対物レンズの□□をいちばん低いものにしてから、明るく見えるようにする。

(1) _____

(2) _____

10点（なぞりは点数なし）

だいじな
まとめ

プレパラートをステージに置き、クリップで留める（と）。横から見ながら（ 調節ねじ ）を回し、プレパラートと（　　　　　　　　）をすれすれまで近づけた後、接眼レンズをのぞきながらピントを合わせる。

2 プレパラートは、観察のために、スライドガラスの上に見たいものをのせ、カバーガラスをかけたもののことです。

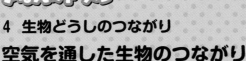

1 下の図のように、植物と空気の関係を調べました。{　}にあてはまる言葉を選んで、○で囲みましょう。

40点（1つ10点）

よく晴れた日の朝、植物の葉にふくろをかぶせ、息を数回ふきこむ。ふくろの中の酸素と二酸化炭素の割合を気体検知管で調べる。（結果1）

約1時間、よく日光に当てる。

ふくろの中の酸素と二酸化炭素の割合を気体検知管で調べる。（結果2）

結果1　① 17 18 19 20 21 22　② 0.5 1 2 3 4 5

結果2　① 17 18 19 20 21 22　② 0.5 1 2 3 4 5

(1) 日光が当たる前と比べると、当たった後では、二酸化炭素が{ 多く・少なく }なり、酸素が{ 多く・少なく }なった。

(2) 植物に日光が当たると{ 酸素・二酸化炭素 }が減り、{ 酸素・二酸化炭素 }が増える。

2 次の文の（　）にあてはまる言葉を、「酸素」、「二酸化炭素」から選んでかきましょう。

40点（1つ10点）

植物も動物も、呼吸で空気中の（　　　　　　　）を取り入れ、（　　　　　　　　）を出す。植物は、日光が当たると（　　　　　　　）を取り入れ、（　　　　　　　）を出す。

このように、生物は、空気を通して、周りの環境やほかの生物とつながっている。

生物は、空気を通してかかわり合っているよ。

20点（1つ10点、なぞりは点数なし）

だいじなまとめ

動物と植物は、空気を通してつながっている。動物と植物は（ 呼吸 ）で空気中の（　　　　　　　）を取り入れ、二酸化炭素を出す。植物は、日光が当たると（　　　　　　　）を取り入れ、酸素を出す。

 1 植物は、日光が当たると二酸化炭素を取り入れ、酸素を出しています。

⭐1 次の（　）にあてはまる言葉を下の □ から選んでかきましょう。　30点（1つ10点）

植物は、根から取り入れた水を体全体に行きわたらせる。この水が不足すると、植物は（　　　　　　）。

魚にとっては、海や川など水の中が（　　　　　　）となっている。

ヒトは、水を洗たくやふろなど（　　　　）にも使っている。

しおれる　成長する　生活　すみか　運動

⭐2 植物と水の関係を調べるために、同じくらいの大きさに育ったホウレンソウを土や肥料の入ったはちに植えかえ、1つには水をあたえ、もう一方には水をあたえませんでした。次の（　）にあてはまる記号や言葉をかきましょう。　実験　30点（1つ10点）

(1)　水をあたえなかったホウレンソウは、（　　　）である。

(2)　水をあたえなかったホウレンソウは、（　　　　）が少なくなり、しおれて重さも（　　　　）なる。

植物に水をやらないと…。

ⓐ　ⓘ

⭐3 次の文で正しいものには〇、まちがっているものには×をつけましょう。　20点（1つ5点）

(1)　植物は、おもに葉からの蒸散によって水蒸気を出している。

(2)　魚やカニにとって、水はすみかにもなっている。

(3)　植物は、おもにくきから水を取り入れる。

(4)　水は、植物や動物の体を出たり入ったりしている。

(1) _____
(2) _____
(3) _____
(4) _____

20点（1つ10点）

だいじな
まとめ　ヒトやほかの動物、（　　　　　）の体を、水が出たり入ったりしている。
生物が生きていくのに水は { 欠かせない・必要ない }。

ヒント ⭐1 生物は、水を体内に取り入れたり、すみかにしたりして、生活しています。
⭐2 植物は、水分が少なくなるとしおれてしまいます。

24 まとめのテスト1

1 下の図を見て、（　）にあてはまる記号を、下の □ から選んでかきましょう。
（同じ記号をくり返して使ってもよいです。）　　　　　　40点（1つ5点）

① （　　） ② （　　）
③ （　　） ④ （　　）
⑤ （　　） ⑥ （　　）
⑦ （　　） ⑧ （　　）

⑦　酸素（さんそ）
④　ちっ素（そ）
⑨　二酸化炭素（にさんかたんそ）

日光に
当たっている。

空気

日光に
当たっていない。

2 次の（　）にあてはまる言葉をかきましょう。　　　　　　30点（1つ5点）

植物は、（　　　　　　）が当たると自分で（　　　　　　　　）などの養分をつくる。
ヒトや動物は、自分で養分をつくることが（　　　　　　　）ので、ほかの動物や
（　　　　　　）を食べて養分とする。かれた植物もミミズやダンゴムシの食べ物になる。
このように、動物や植物は、食べる・（　　　　　　　）という関係でつながって
いる。このつながりを（　　　　　　）という。

3 次の（　）にあてはまる言葉を、下の □ から選んでかきましょう。　30点（1つ10点）

動物や植物は、（　　　　　）をし、酸素を取り入れ、（　　　　　　　　）を出す。ま
た、植物の葉に日光が当たると、植物は二酸化炭素を取り入れ、（　　　　　　　　）
を出す。
このように、生物は空気を通して、周りの環境（かんきょう）やほかの生物とかかわり合っている。

酸素　二酸化炭素　ちっ素　呼吸（こきゅう）

25 まとめのテスト2

月　日　時間15分　答え64ページ

名前

/100点

1 けんび鏡について、次の問いに答えましょう。　60点（1つ10点、(2)は全部できて10点）

(1) 次の部分は右の図のけんび鏡の㋐～㋒のどこですか。

調節ねじ（　　）

レボルバー（　　）

接眼（せつがん）レンズ（　　）

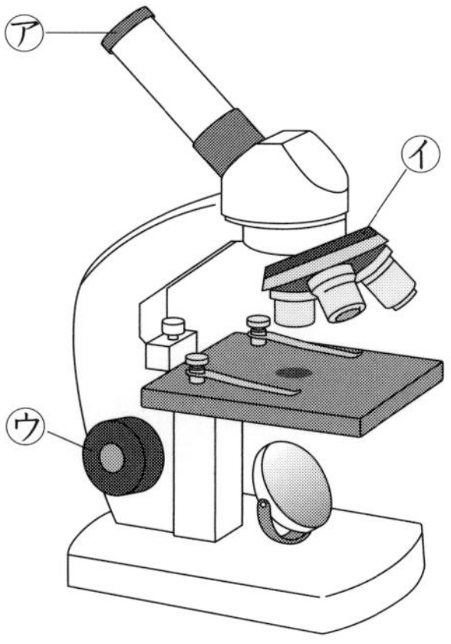

(2) けんび鏡の使い方で、正しい順に番号をつけましょう。

（　　）横から見ながら、対物レンズとプレパラートをすれすれまで近づける。

（　　）反しゃ鏡を動かして、明るく見えるようにする。

（　　）プレパラートをステージに置き、クリップで留（と）める。

（　　）接眼レンズをのぞきながら、調節ねじを回して、ピントを合わせる。

(3) けんび鏡について、正しいものには○、まちがっているものには×をつけましょう。

（　　）けんび鏡の倍率は、接眼レンズの倍率×対物レンズの倍率である。

（　　）けんび鏡は、日光が直接当たるところで使う。

2 池や川などの水中には、メダカなどの魚のほかに、小さな生物がたくさんいます。次の①～④の生物の名前を、下の□から選んで記号をかきましょう。　40点（1つ10点）

①（　　）　②（　　）　③（　　）　④（　　）

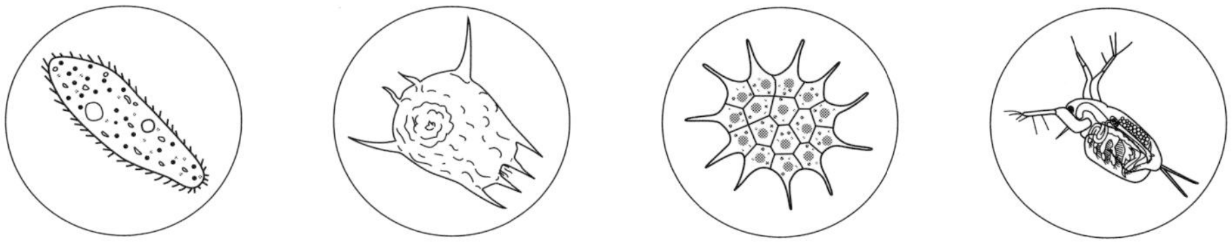

㋐クンショウモ　㋑ゾウリムシ　㋒ミジンコ　㋓ツボワムシ

26

5　月と太陽
月の形の見え方

1 ボールを月、電灯を太陽に見たてた下の図を見て、{ }にあてはまる言葉を選んで〇で
囲み、（ ）にあてはまる番号をかきましょう。💡🔍実験　　20点(1つ5点)

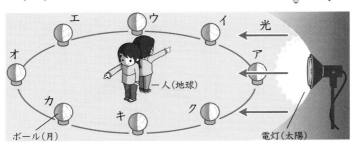

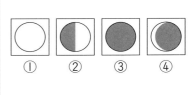

月の形の見え方が日によって変わるのは { 月・太陽 } からの光が当たっている
部分が変わるためである。オの位置にボールがあるときは、（　　）のように見える。
アの位置にあるときは、人からボールの明るい部分が見えないので、（　　）のように
見える。また、クの位置にあるときは、電灯のある側が明るくなるので、（　　）のよ
うに見える。

2 図のように月が見えるとき、太陽はどの方位にあるでしょうか。💡　30点(1つ10点)

①のとき　　　　　　　　（　　　）
②のとき　　　　　　　　（　　　）
③のとき　　　　　　　　（　　　）

①　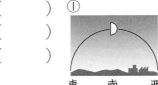
東　南　西

②　
東　南　西

③　
東　南　西

3 次の文で正しいものには〇、まちがっているものには×をつけましょう。　40点(1つ10点)

(1)　月が見えるのは夜だけで、昼に見えることはない。　(1)＿＿＿＿＿

(2)　月の形の見え方が変わるのは、月自身がその形を変え　(2)＿＿＿＿＿
　　ているためである。　　　　　　　　　　　　　　　(3)＿＿＿＿＿

(3)　月の形の見え方は、毎日少しずつ変わり、約1か月で　(4)＿＿＿＿＿
　　もとの形にもどる。

(4)　日によって月の形の見え方が変わるのは、月と太陽の位置関係が変わるためであ
　　る。

↰10点(なぞりは点数なし)

だいじな
まとめ

月の形の見え方が日によって変わるのは、月と（　　　　　）の
（ 位置関係 ）が変わるためである。月の形の見え方は、約1か月
でもとの形にもどる。

ヒント
1 地球から見て、光の当たっているほうが明るく見えます。
2 月が光って見える側に太陽があります。

⭐**1** 下の図を見て、（ ）にあてはまる言葉を下の ☐ から選んでかきましょう。

💡 20点（1つ10点）

月の表面は岩石や砂（すな）などでできていて、

（　　　　　　　　　　）というくぼみが見られる。そして、

月自体が光を出しているのではなく、（　　　　）の光を反

射（しゃ）している。

太陽は、表面からたえず強い光を出している。

| クレーター　太陽　地球 |

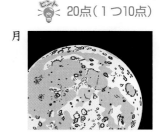

月

💬 月の表面のようすは、どうなっているんだろう？

⭐**2** 月と太陽を比べた、次の文の（ ）にあてはまる言葉をかきましょう。💡 30点（1つ10点）

(1) （　　　　　）は、非常に大きく、たえず強い光を出している。

(2) （　　　　　）自体は、光を出さないで、太陽の光を反射している。

(3) 月には、（　　　　　　）という円形のくぼみがある。

⭐**3** 次の文で、正しいものには〇、まちがっているものには×をつけましょう。40点（1つ10点）

(1) 月は、たえず自ら光を出してかがやいている。

(2) 月は、太陽の光を反射して光って見える。

(3) 月は、砂や岩石でおおわれ、クレーターがある。

(4) 月の形の見え方が変わるのは、太陽の明るさが変わるからである。

(1) _____

(2) _____

(3) _____

(4) _____

↰10点（なぞりは点数なし）

| だいじな まとめ | 月の表面は岩石や砂などでおおわれ、クレーターというくぼみがある。月は、（　　　　　）の光を（ 反射 ）して光って見える。 |

💡⭐**1** 月は、砂や岩石でおおわれています。また、太陽は強い光を出してかがやいています。
💡⭐**2** 「月」、「クレーター」、「太陽」から選びましょう。

月　日　時間**15**分　答え**64**ページ

名前

/100点

1 次の（　）にあてはまる言葉をかきましょう。　　　　　　　30点（1つ15点）

 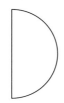 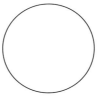

満月や三日月など月の見え方は、日によって変わる。月の形の見え方が変わるのは、

月と（　　　　　）の（　　　　　）関係が変わるからである。

2 次の（　）にあてはまる言葉を下の □ から選んでかきましょう。　40点（1つ10点）

月の表面は、（　　　　　）や砂でおおわれていて、（　　　　　）という丸いく

ぼみが見られる。月自体は光を出さず、太陽の光を（　　　　　）して明るく見える。

太陽は、表面からたえず強い（　　　）を出している。

岩石　森林　クレーター　光　反射　吸収

3 ボールを月、電灯を太陽に見たてた下の図を見て、次の問いに答えましょう。　実験

30点（1つ10点）

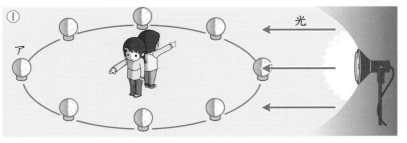 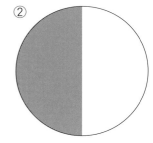

(1) 図①のアの位置に月があるとき、何という月の形になりますか。　　（　　　　）

(2) 図②の月が南に見えるとき、太陽はどの方位にありますか。　　　　（　　　　）

(3) 図②のように見える月を何といいますか。　　　　　　　　　　　　（　　　　）

⭐1 右の図を見て、（　）にあてはまる言葉を
下の □ から選んでかきましょう。💡ヒント
20点（1つ10点）

地層の観察をすると地層がどのようにしてできたかがわかる。れき(石)・砂・
（　　　　）などがふくまれている地層は、流れる（　　　　　　　）のはたらきによってでき
ている。地層には、化石がふくまれていることもある。

空気　水　どろ

⭐2 右の図のように、水をためた水そうにれき・砂・どろを混ぜた土と水を流
し、地層ができるようすを調べました。次の（　）にあてはまる番号や言葉
をかきましょう。💡ヒント 🔬実験
20点（1つ10点）

(1) しばらくおいた後の水そうの中のようすは次のうちどれですか。　（　　）

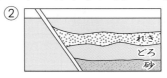
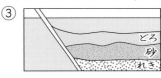

①　砂／れき／どろ　　②　れき／どろ／砂　　③　どろ／砂／れき

(2) 流れる水のはたらきによって運ぱんされたれき・砂・どろは、つぶの（　　　　）
さによって分かれて、水底にたい積する。

⭐3 次の文で、正しいものには〇、まちがっているものには×をつけましょう。30点（1つ10点）

(1) 地層は、どこも同じで、砂だけが積み重なってできて
いる。

(2) 地層は、横に広がりおくのほうにも続いている。

(3) 地層は、れき(石)・砂・どろ、火山灰などが積み重なっ
てできている。

(1) _____
(2) _____
(3) _____

↩30点（1つ10点、なぞりは点数なし）

だいじな
まとめ
📝
がけなどで、れき(石)・（　　）・（　　　　　）、火山灰などが積み重なっ
て、しま模様の層になっていることがある。このような層を（　　　　）
という。ここから（ 化石 ）が見つかることがある。

💡ヒント ⭐1 地層には、流れる水のはたらきでできたものと、火山の噴火によってできたものがあ
ります。⭐2 れき、砂、どろを水で流すと、つぶが大きいものほど先にしずみます。

30

6 大地のつくりと変化
岩石になった地層

| 月　日 | 時間 **10**分 | 答え **65** ページ |

名前

/100点

1 下の岩石は、でい岩、砂岩、れき岩のどれですか。□ に名前をかきましょう。

30点（1つ10点）

　ア

　イ

　ウ

ⓐ は、同じような大きさの砂のつぶが固まってできている。

ⓑ は、細かいどろのつぶが固まってできている。

ⓒ は、れきが砂などと混じり、固まってできている。

2 下の図は、何という生物の化石ですか。□ にあてはまる言葉を下の □ から選んでかきましょう。

10点

約1cm

ブナ
アンモナイト
ビカリア
サンゴ

3 次の（　）にあてはまる言葉を下の □ から選んでかきましょう。　50点（1つ10点）

(1) ヒマラヤ山脈のような高いところでも、海の生物の化石が見られる。

それは、大昔、その辺りが（　　　　　　）だったからで、長

い年月の間に（　　　　　　　　）、現在のようになった。

(2) でい岩…砂よりも細かいつぶである（　　　　）が固まってできている。

砂岩…同じような大きさの（　　　　）のつぶが固まってできている。

れき岩…（　　　　）が砂などと混じり、固まってできている。

| 住居あと　水底　おし上げられ　下がってきて
赤土　砂　どろ　化石　れき |

⌐10点（なぞりは点数なし）

だいじな
まとめ
たい積したれき・砂・どろなどが、長い年月の間に固まると、
（ れき岩 ）・砂岩・（　　　　　）などの岩石になる。

ヒント **1** でい岩のでいは、漢字で泥（どろ）とかきます。大きさ2mm以上のつぶを「れき」と
いいます。

31

6 大地のつくりと変化
火山灰（かざんばい）

1 次の文の（　）にあてはまる言葉をかきましょう。　10点

流れる水のない場所でも、火山の噴火（ふんか）で出された（　　　　　　）などが降り積もり、地層（ちそう）をつくる。

2 下の図は、水で洗（あら）った火山灰と砂（すな）のつぶを、そう眼実体けんび鏡で観察したものです。（　）にあてはまる言葉を、下の　　　から選んでかきましょう。　**実験** 20点（1つ10点）

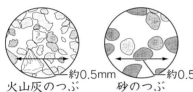

約0.5mm　　　約0.5mm
火山灰のつぶ　　砂のつぶ

(1) 火山灰のつぶは（　　　　　　　　　　）が多い。

(2) とうめいなガラスのかけらのようなものがあるのは、（　　　　　　）のほうである。

角ばったもの　丸いもの　砂　火山灰

3 次の文で、正しいものには〇、まちがっているものには×をつけましょう。

60点（1つ15点）

(1) 地層には、火山の噴火で出された火山灰が降り積もってできたものがある。

(2) 火山灰は、流れる水のない場所でも降り積もり、地層をつくる。

(3) 火山灰は、火山のごく近くにしか降り積もらない。

(4) 火山灰には、角の取れた丸いつぶが多い。

(1) _____

(2) _____

(3) _____

(4) _____

10点（1つ5点、なぞりは点数なし）

> **だいじなまとめ**
> 地層には、（ 火山 ）の噴火で出された ｛ 砂・火山灰 ｝ が降り積もったものがある。そのつぶを水で洗って観察すると、｛ 角ばった・丸い ｝ ものが多い。

1 火山が噴火すると、火山灰がふき出し、それが降り積もって地層をつくります。
2 火山灰には、角ばっているつぶ、表面に小さな穴（あな）のあるつぶなどが見られます。

1 学校の理科室に、下の図のような地層をほり取ったものがありました。これは何といいますか。カタカナ5文字で □ に言葉をかきましょう。　　　　5点

|　　　　　　　　　| 試料

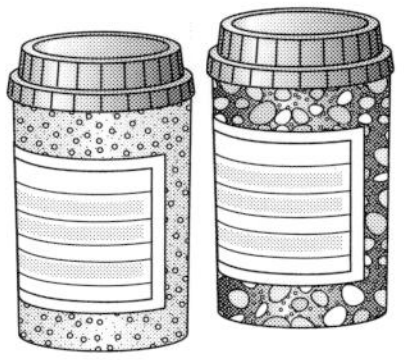

2 次の文の（　）にあてはまる言葉を、下の □ からそれぞれ選んでかきましょう。

90点（1つ15点、(2)②③は順不同）

(1) 陸上に現れた地層（ちそう）は、（①）のはたらきで、けずられていく。けずられた土は、（①）のはたらきによって（②）、水底に（③）、また地層ができる。

(1)①　　　　　　　　
　　②　　　　　　　
　　③　　　　　　　

┌─────────────────────────────┐
│ 火山灰（かざんばい）　流れる水　積もって　運ばれ　けずられ │
└─────────────────────────────┘

(2) 土地のいくつかの場所で、（①）の土や岩石をほり取ることを、ボーリングという。ほり取った試料で地下のようすを知ることができ、試料には、ほり取った場所・年月日・（②）・（③）などがかいてある。

(2)①　　　　　　　
　　②　　　　　　
　　③　　　　　　

┌─────────────────────┐
│ 地下　岩石の名前　深さ │
└─────────────────────┘

> ボーリングは、地層が見えない地下のようすを調べるのに役立つよ。

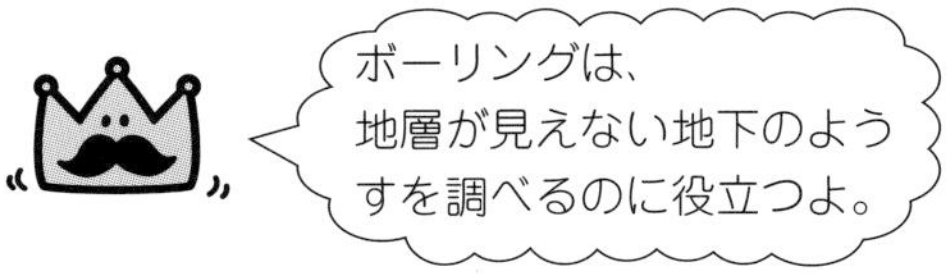

5点

だいじなまとめ ボーリングで、その土地の（　　　　　　）の土や岩石をほり取って調べることができる。

1 地下の土や岩石をほり取ることをボーリングといいます。

2 (1)流れる水のはたらきは、けずる（しん食）、運ぶ（運ぱん）、積もる（たい積）です。

⭐1 右の図を見て、（　）にあてはまる言葉をかきましょう。　20点（1つ10点）

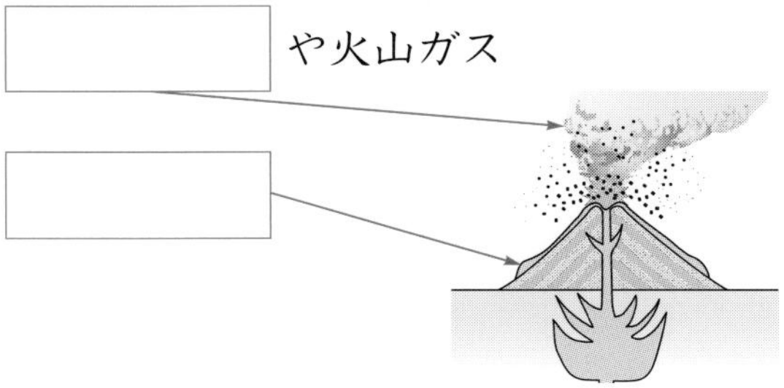

図のような大地のずれを（　　　　　）といい、このずれが生じるとき、（　　　　　）が起こる。
このとき、地割れ（じわ）ができるなど、大地が変化することがある。

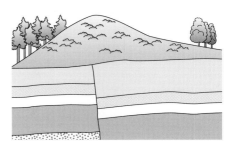

⭐2 地震が起きたとき、発生することがある災害を、下の［　］から4つ選んで（　）に記号でかきましょう。　40点（1つ10点、順不同）

（　　）（　　）（　　）（　　）

⑦火災　④建物や道路がこわれる　⑦落雷（らくらい）　④大雨
⑦津波（つなみ）　⑦山くずれ　⑦たつまき　⑦台風

⭐3 下の噴火した火山の図の［　］にあてはまる言葉を、下の［　］から選んでかきましょう。
ヒント　20点（1つ10点）

［　　　　］や火山ガス

［　　　　］

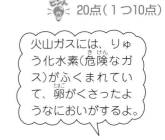

火山ガスには、りゅう化水素（危険なガス）（きけん）がふくまれていて、卵（たまご）がくさったようなにおいがするよ。

水よう液　火山灰（かざんばい）　よう岩　入道雲

20点（1つ10点、なぞりは点数なし）

だいじなまとめ　（地震）は、大地が動いたときのゆれである。地震によって、大地が｛変化することはない・変化することがある｝。火山が（　　　　）すると、火口から火山灰などがふき出たり、よう岩が流れ出る。

3 よう岩とは、噴火（ふんか）により火山からマグマが流れ出たものをいいます。

34 まとめのテスト1

1 化石(かせき)のできる順に番号をつけましょう。　　　全部できて30点

(　) 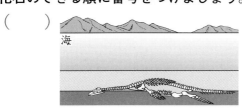　　　　(　)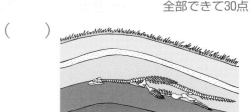

(　) 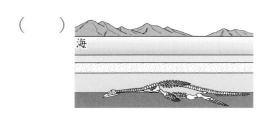　　　　(　)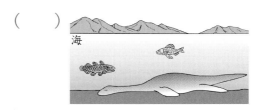

2 ペットボトルにれき・砂(すな)・どろと水を入れてふりました。しばらくおいた後のようすとして正しいものに〇をつけましょう。 **実験**　　　10点

(　) 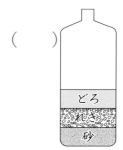　　(　) 　　(　)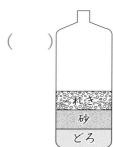

3 地層(ちそう)を調べていると貝の化石が出てきました。次の問いに答えましょう。　60点(1つ15点)

(1) ㋐の層が固まってできる岩石を何といいますか。

(　　　　　)

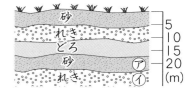

(2) ㋑の層が固まってできる岩石を何といいますか。

(　　　　　)

(3) この層が水平に広がっているとすると、近くの土地をボーリングで調べたとき、深さ3m、15mのボーリング試料には、れき・砂・どろのどれが入ると予想されますか。

3m(　　　)　　15m(　　　)

35 まとめのテスト2

名前　　/100点

1 下の図は、火山が噴火(ふんか)したときのようすです。次の問いに答えましょう。また、あてはまるものに○をつけましょう。　20点(1つ5点)

(1) 流れ出ている[A]は何ですか。　(　　　)

(2) 噴き出している[B]には、火山ガスの他に何がふくまれますか。　(　　　)

(3) 火山活動によって起きることがある自然の変化について、あてはまるもの2つに○をつけましょう。

(　　)雨が降(ふ)る。

(　　)島や山ができる。

(　　)くぼ地や湖ができる。

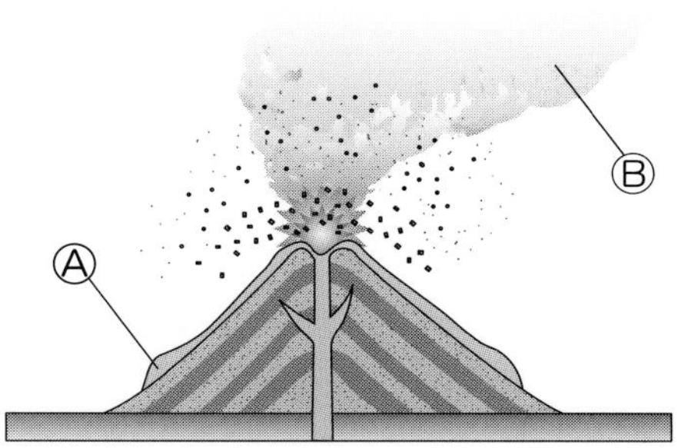

2 下の図を見て、次の問いに答えましょう。　60点(1つ20点)

(1) このような大地のずれを何といいますか。　(　　　)

(2) ずれる前に、Aと続いていた地層(ちそう)は、㋐～㋔のうち、どれですか。　(　　)

(3) このようなずれが生じるとき、何が起こりますか。　(　　　)

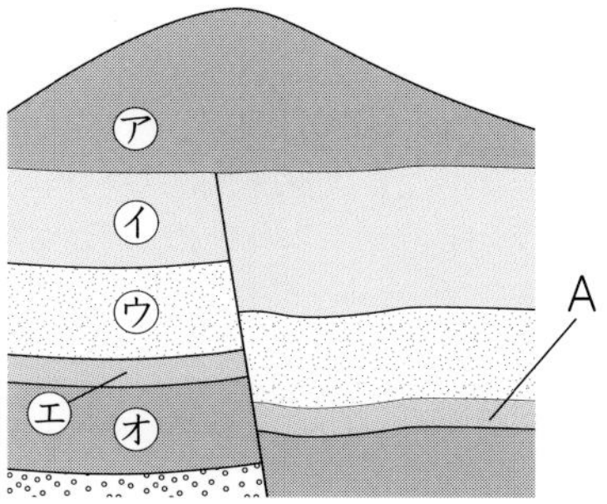

3 次の文の(　)にあてはまる言葉を下の[　]の中から選んでかきましょう。　20点(1つ5点、(2)は順不同)

(1) 火山が噴火すると、(　　　　)が流れ出たり、広いはんいに(　　　　)が降り積もったりして、大地のようすが変わったり、人々の生活に大きなえいきょうをあたえたりする。

(2) 地震(じしん)が起こると、(　　　　)や(　　　　)などが生じ、大地のようすが変わったり、人々の生活に大きなえいきょうをあたえたりする。

水　よう岩　火山灰(かざんばい)　雨　雪　山くずれ　たつまき　地割(じわ)れ

36

7 水よう液の性質
実験の準備・実験をするとき

月　日　時間 **10**分　答え **66** ページ

名前

/100 点

1 下の図の実験器具などの名前を、下の ▢ から選んでかきましょう。　実験

20点（1つ5点）

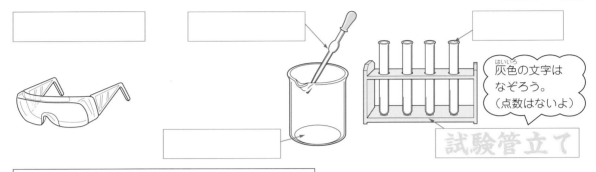

灰色の文字は
なぞろう。
（点数はないよ）

試験管立て

| ピペット　試験管　保護眼鏡（めがね）　ビーカー |

2 下の図や文で正しいほうに〇をつけましょう。　ヒント　実験

20点（1つ10点）

①液を取り出したり加えたりする場合

（　　）

（　　）

②薬品のにおいをかぐ場合

（　　）鼻を直接近づけて確かめる。

（　　）鼻を直接近づけず、手であおい
で確かめる。

3 次の文で、正しいものには〇、まちがっているものには×をつけましょう。　実験

50点（1つ10点）

(1) 器具や薬品はあつかいやすいように机（つくえ）のはしに置く。　　(1) _____

(2) 目に薬品が入らないように保護眼鏡をかけることが望ましい。　　(2) _____

(3) ビーカーや試験管には容器いっぱいに薬品を入れる。　　(3) _____

(4) 使い終わった水よう液は、決められた容器に集める。　　(4) _____

(5) 気体が出てくる実験では、かん気をする。　　(5) _____

10点（なぞりは点数なし）

だいじな
まとめ

安全に実験できるように、薬品や器具を使うときは、{ 正しく・
急いで } 使うことが大切である。（ 保護眼鏡 ）をかけると薬品が
目に入るのを防ぐことができる。

ヒント **2** 薬品には体に害をおよぼすものもあるため、直接においをかがないようにします。

37

7 水よう液の性質
水よう液の仲間分け

月 日 時間**10**分 答え**67**ページ

名前

/100点

⭐**1** 水よう液をリトマス紙で仲間分けしました。下の ☐ にあてはまる言葉をかきましょう。

全部できて10点

青色のリトマス紙が赤色に変化する。	どちらのリトマス紙も変化しない。	赤色のリトマス紙が青色に変化する。

☐ 性 　　☐ 性 　　☐ 性

⭐**2** 次の水よう液をリトマス紙につけると、リトマス紙はそれぞれどんな色に変化しますか。下の㋐〜㋑から選んで、表を完成させましょう。 **実験**

40点（1つ5点）

	うすい塩酸	食塩水	うすい水酸化ナトリウム水よう液	炭酸水	重そう水
青色のリトマス紙					㋑
赤色のリトマス紙		㋑			

　　㋐赤色に変化する。　㋑変化しない。　㋑青色に変化する。

⭐**3** （　）にあてはまる言葉を下の ☐ から選んで、かきましょう。 40点（1つ10点）

(1) うすい塩酸を蒸発させると、（　　　　　　　　　　　　）。食塩水を蒸発させると、（　　　　　　　　　　　　）。

(2) （　　　　　　　　　　）は、つんとしたにおいがする。

(3) 水よう液にムラサキキャベツの葉のしるを加えると、（　　　　　）の変化で、酸性・中性・アルカリ性の性質を調べられる。 💡

におい　色　温度
何も残らない　白い固体が残る　炭酸水　うすい塩酸

全部できて10点（順不同）

だいじなまとめ　水よう液は、リトマス紙などの色の変化で、（　　　　）・（　　　　）・（　　　　　　　　　）に仲間分けできる。また、ムラサキキャベツの葉のしるで調べることもできる。

💡 **3** (3)ムラサキキャベツの葉のしるでは、酸性→赤色、中性→青むらさき色、アルカリ性→黄色などの色になります。

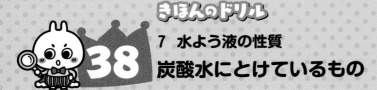

炭酸水にとけているもの

月　日　時間10分　答え67ページ

名前　　/100点

1 炭酸水から出る気体の名前を □ にかきましょう。 [実験]　20点

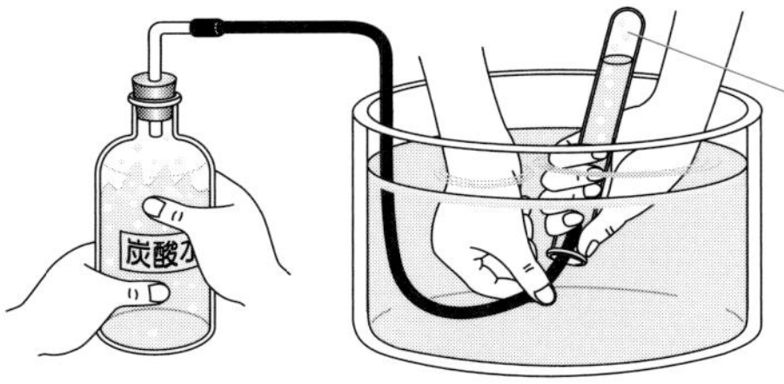
炭酸水

気体の名前

コーラのあわにも
ふくまれているよ。

2 次の問いに答えましょう。 [実験]　20点（1つ10点）

(1) 水と二酸化炭素(にさんかたんそ)を入れたペットボトルをふると、どうなりますか。次の中から番号で答えましょう。 [ヒント]　（　　）

①ペットボトルがへこむ。②変わらない。③ペットボトルがふくらむ。

(2) この実験で、二酸化炭素は水にとけるといえますか。

（　　　　　）

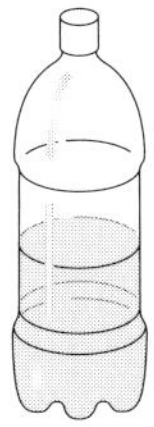

3 炭酸水から出る気体が何かを調べる実験をしました。次の問いで、正しいものを選んで、㋐～㋒の記号で答えましょう。 [実験]　40点（1つ10点）

(1) この気体を試験管に集めて、石灰水(せっかいすい)を入れるとどうなりますか。 [ヒント]

㋐白くにごる。 ㋑変わらない。 ㋒あわが出る。

(2) この気体を試験管に集めて、火をつけたせんこうを入れるとどうなりますか。

㋐ほのおを出して燃える。㋑変わらない。㋒火が消える。

(3) 上の実験から、この気体は何だと考えられますか。

㋐酸素(さんそ)　㋑二酸化炭素　㋒空気

(4) 炭酸水に赤色のリトマス紙をつけると何色に変わりますか。

㋐青色　㋑変化しない　㋒白色

(1) ______

(2) ______

(3) ______

(4) ______

20点（なぞりは点数なし）

だいじなまとめ

（ 炭酸水 ）は、気体である（　　　　　　　　）が水にとけた水よう液である。

[ヒント] **2** (1)気体（二酸化炭素）が水にとけて、ペットボトルがへこみます。

3 (1)石灰水は二酸化炭素で白くにごります。

金属を水よう液にとかす

月　日　時間 **10**分　答え **67** ページ

名前

/100 点

1 アルミニウムを入れた試験管に、うすい塩酸を加えました。（　）にあてはまる言葉を下の □ から選んでかきましょう。 💡ヒント 🧪実験　　30点（1つ10点）

うすい塩酸を加えると、さかんに（　　　　　　）が出てくる。そのとき試験管の外側をさわると（　　　　　　）なっている。しばらくすると、アルミニウムは（　　　　　　）見えなくなる。

あわ　液体　冷たく　あたたかく　白いものが残って　とけて

うすい
塩酸

アルミ
ニウム

2 下の図のように、鉄とアルミニウムを別々の試験管に入れ、それぞれにうすい塩酸、うすい水酸化ナトリウム水よう液、食塩水を加えました。次の問いに答えましょう。

💡ヒント 🧪実験 60点（1つ10点）

A うすい塩酸　　　B うすい水酸化　　　C 食塩水
　　　　　　　　　　ナトリウム水よう液

下の表に、金属がとける場合は○、とけない場合は×をかきましょう。

	水よう液	鉄	アルミニウム
A	うすい塩酸		
B	うすい水酸化 ナトリウム水よう液		
C	食塩水		

↙10点（1つ5点、なぞりは点数なし）

だいじな
まとめ
うすい水酸化ナトリウム水よう液はアルミニウムを { とかす・とかさない }。（ 塩酸 ）はアルミニウムも鉄も { とかす・とかさない }。

💡 **1** 完全にとけると、とうめいな液だけが残ります。

2 鉄は、水酸化ナトリウム水よう液にはとけません。

40 7 水よう液の性質
塩酸にとけたものを取り出す

1 うすい塩酸に鉄をとかした液を蒸発皿(じょうはつざら)で加熱しました。（　）にあてはまる言葉を下の
　　□ から選んでかきましょう。 実験　　　　　　　　　30点(1 つ15点)

　水を蒸発させると、（　　　　　　　　）粉が残った。残ったも
のに、うすい塩酸を加えると、（　　　　　　　　）。

> 黄色い　白い　とけた　とけなかった

2 うすい塩酸にアルミニウムをとかした液を、蒸発皿で加熱して残ったものと、もとのア
ルミニウムを比べました。下の表に、あわを出してとける場合は○、あわを出さずにとけ
る場合は△、とけない場合は×をかきましょう。 実験　　　　　　　20点(1 つ10点)

灰色(はいいろ)の文字はなぞろう。
（点数はないよ。）

	色	うすい塩酸を加えると
蒸発皿に残ったもの	白色	
もとの金属(アルミニウム)	銀色	

3 うすい塩酸に鉄をとかした液があります。次の問いで、正しいものを選んで、記号をか
きましょう。 実験　　　　　　　　　　　　　　　　　　　　　　　30点(1 つ10点)

(1)　この液を蒸発皿に入れて加熱しました。水が蒸発し
　　た後には、何色の粉が残りますか。
　　　㋐銀色の粉　㋑黄色の粉　㋒白色の粉
(2)　残った粉に磁石(じしゃく)を近づけるとどうなりますか。
　　　㋐引きつけられる。　㋑引きつけられない。
(3)　加熱するときの注意点として、正しいのはどちらですか。
　　　㋐加熱する液は蒸発皿を加熱してから入れる。
　　　㋑加熱中に蒸発皿をのぞきこまない。

(1) _____
(2) _____
(3) _____

20点(なぞりは点数なし)

だいじな
まとめ

うすい塩酸に（ 鉄 ）やアルミニウムをとかした液体を蒸発させて出て
くる固体は、もとの金属から { 別のものに変化している・
何も変化しない }。

1 残った粉は、もとの金属とは別のものです。
2 残った粉は、もとの金属とは別のものです。

41 まとめのテスト1

月　日	時間15分	答え68ページ
名前		/100点

[1] 試験管にうすい塩酸、うすい水酸化ナトリウム水よう液、食塩水が入っています。それぞれの試験管にどの水よう液が入っているか調べます。次の問いに答えましょう。 [実験]

50点（1つ10点、(4)は全部できて10点）

(1)　鉄（スチールウール）を入れると見分けることができるのは、どの水よう液ですか。　（　　　　　　）

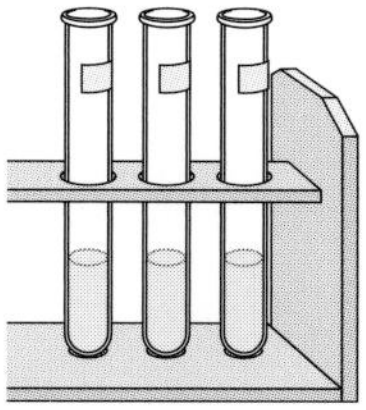

(2)　(1)で見分けることができるのはなぜですか。正しいものに○をつけましょう。

（　　）あわが出てとけるから。　（　　）何の反応もないから。

（　　）液が真っ黒になるから。

(3)　(1)の水よう液以外で、アルミニウムを入れるととけるのはどの水よう液ですか。

（　　　　　　）

(4)　リトマス紙に水よう液をつけると、下の表のようになりました。㋐、㋑、㋒はそれぞれどの液ですか。（　）にかきましょう。

液	赤色のリトマス紙	青色のリトマス紙
㋐（　　　　　　）	変化なし。	変化なし。
㋑（　　　　　　）	変化なし。	赤色に変わる。
㋒（　　　　　　）	青色に変わる。	変化なし。

(5)　(4)の㋑のように、青色のリトマス紙を変化させる水よう液はどれですか。正しいものに○をつけましょう。

（　　）さとう水　（　　）炭酸水　（　　）アンモニア水

[2] 次の（　）にあてはまる言葉をかきましょう。　20点（1つ10点）

炭酸水は、（①　　　　　　）が水にとけた水よう液である。炭酸水を観察すると、水よう液から①の（②　　　　）が出ているのが見られる。

[3] 次のうち、水よう液の酸性（さんせい）・中性（ちゅうせい）・アルカリ性（せい）を調べることができるものに○、できないものに×をつけましょう。 [実験]　30点（1つ10点）

（　　）ムラサキキャベツの葉のしる

（　　）石灰水（せっかいすい）　（　　）ヨウ素液

1 下の図のように、半分だけ水を入れたペットボトルに二酸化炭素を入れてふりました。次の問いの正しいものに○をつけましょう。　**実験**　　　20点(1つ5点)

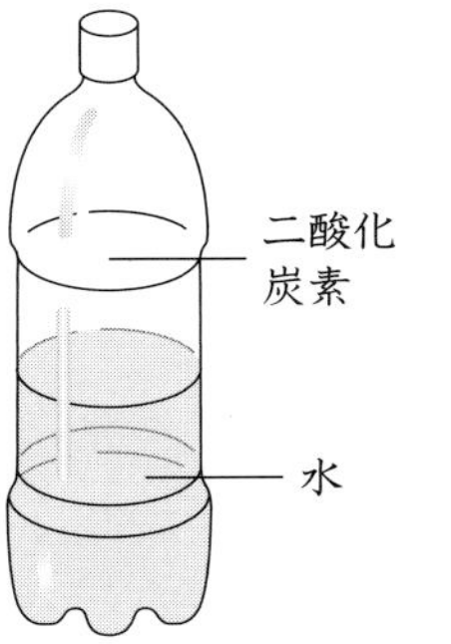

(1) ペットボトルはどうなりますか。

　（　　　）二酸化炭素が増えて、ペットボトルがふくらむ。

　（　　　）二酸化炭素が水にとけて、ペットボトルがへこむ。

　（　　　）何も変化しない。

(2) この液を青色のリトマス紙につけるとどうなりますか。

　（　　　）赤色に変わる。　（　　　）変化なし。

(3) この液は酸性・中性・アルカリ性のどれですか。

　（　　　）酸性　　　（　　　）中性　　　（　　　）アルカリ性

(4) この液をスライドガラスにつけて水を蒸発させるとどうなりますか。

　（　　　）白色の粉が残る。　（　　　）何も残らない。　（　　　）黄色の粉が残る。

（図の注記：二酸化炭素／水）

2 食塩水・炭酸水・うすい塩酸について、次の問いに答えましょう。　　60点(1つ10点)

(1) スライドガラスにつけて蒸発させると、何も残らないものはどれとどれですか。

　　　　　　　　　　　　　　　（　　　　　　　　）（　　　　　　　　）

(2) スライドガラスにつけて蒸発させると、白色の粉が残るものはどれですか。

　　　　　　　　　　　　　　　　　　　　　　　（　　　　　　　　）

(3) 青色のリトマス紙を赤色に変えるものはどれとどれですか。

　　　　　　　　　　　　　　　（　　　　　　　　）（　　　　　　　　）

(4) 赤色・青色両方のリトマス紙の色を変えないものはどれですか。

　　　　　　　　　　　　　　　　　　　　　　　（　　　　　　　　）

3 実験に関する次の文で、正しいものには○、まちがっているものには×をつけましょう。

　　20点(1つ10点)

（　　　）薬品のにおいをかぐときは、鼻を直接近づけて確かめる。

（　　　）保護眼鏡をかけて、目に薬品が入らないようにする。

1 てこの力点・支点・作用点に関する下の図の、□ にあてはまる言葉をかきましょう。

20点（1つ5点）

 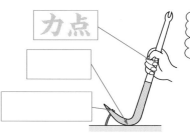

灰色の文字はなぞろう。（点数はないよ。）

2 下のてこの図の、□ にあてはまる言葉をかきましょう。また、ものを持ち上げるために、棒をおす力が小さな力ですむ場所を Ⓐ、Ⓑ のうちから選んで、（　）に〇をつけましょう。

20点（1つ5点）

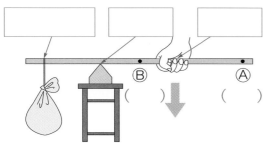

（　）　　（　）

3 次の問いに答えましょう。

40点（1つ10点）

(1)　てこを支えている点を何といいますか。

(2)　力点とは、てこに何を加えるところですか。

(3)　てこで、ものに力がはたらくところを何といいますか。

(4)　右の図の手の位置を Ⓐ に移動させたとき、砂ぶくろを持ち上げるのに必要な力はどうなりますか。

(1) _____

(2) _____

(3) _____

(4) _____

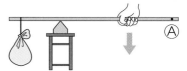

20点（1つ10点、なぞりは点数なし）

だいじなまとめ　てこでは、力点を支点から ｛ 近く・遠く ｝ にするほど、また、（ 作用点 ）を支点から ｛ 近く・遠く ｝ にするほど、重いものを小さな力で持ち上げることができる。

1 「支点」、「力点」、「作用点」から選びましょう。
2 支点と力点のきょりが短いほど大きな力が必要になります。

てこのつり合い

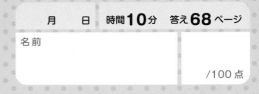

月　日　時間10分　答え68ページ

名前　　　/100点

1 下の図のうち、てこが水平につり合うものに○をつけましょう。　10点

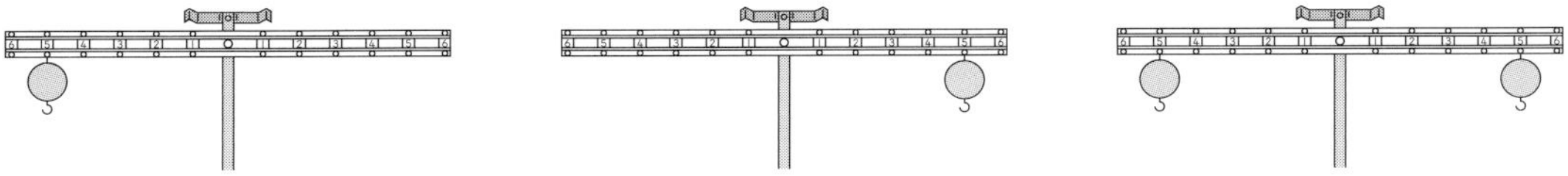

(　　)　(　　)　(　　)

2 下の図のてこはつり合っています。[　　]にあてはまる言葉や数をかきましょう。　40点（1つ10点）

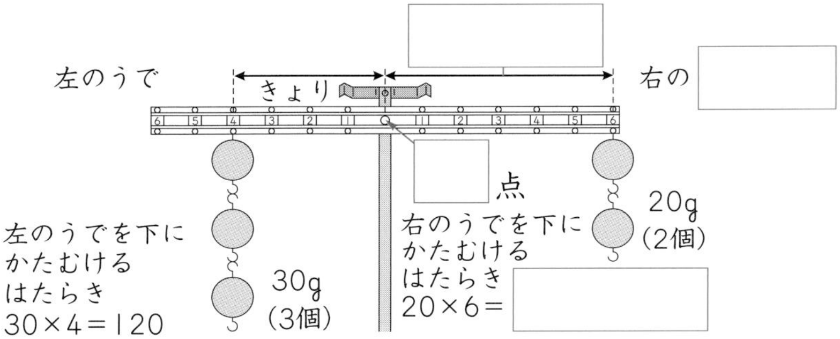
左のうで
きょり
右の
点
20g
(2個)
30g
(3個)
左のうでを下にかたむけるはたらき
30×4＝120
右のうでを下にかたむけるはたらき
20×6＝

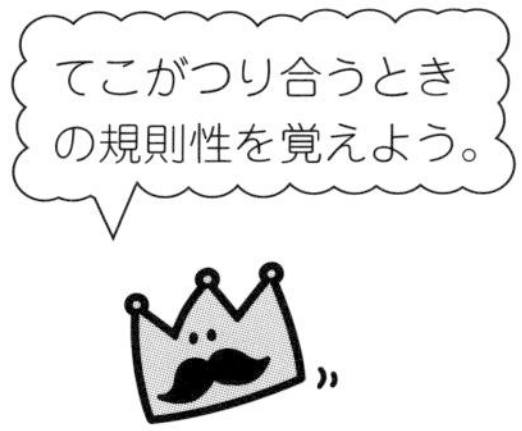
てこがつり合うときの規則性を覚えよう。

3 次の問いに答えましょう。　40点（1つ10点）

右の図のおもりは1個10gです。てこがつり合うようにするには、㋐〜㋓の位置に、それぞれ何個のおもりをつるせばよいですか。

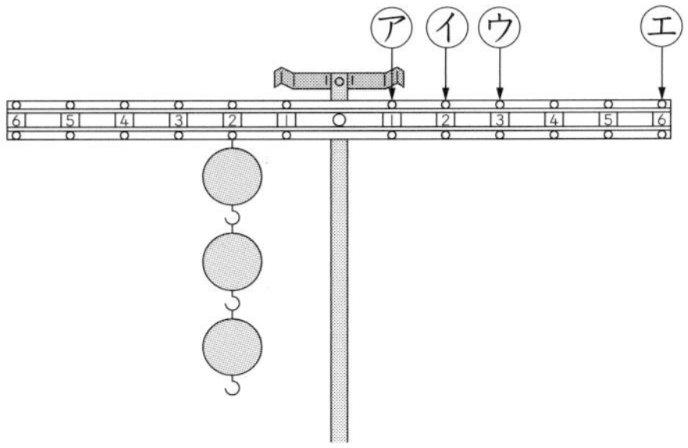
㋐
㋑
㋒
㋓

㋐ ______

㋑ ______

㋒ ______

㋓ ______

10点（なぞりは点数なし）

だいじなまとめ

てこがつり合うとき、
左の（ おもり ）の重さ×左のうでの支点からのきょり（目盛り）
＝右のおもりの重さ×右のうでの支点からの（　　　　）（目盛り）

ヒント **1** つり合っているてこでは、てこのうでをかたむけるはたらきが左右で等しいです。

てんびん

月　日　時間10分　答え69ページ
名前
/100点

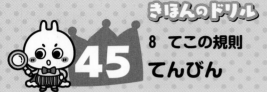

1 下の図の□にあてはまる言葉を、下の□から選んでかきましょう。　30点（1つ10点）

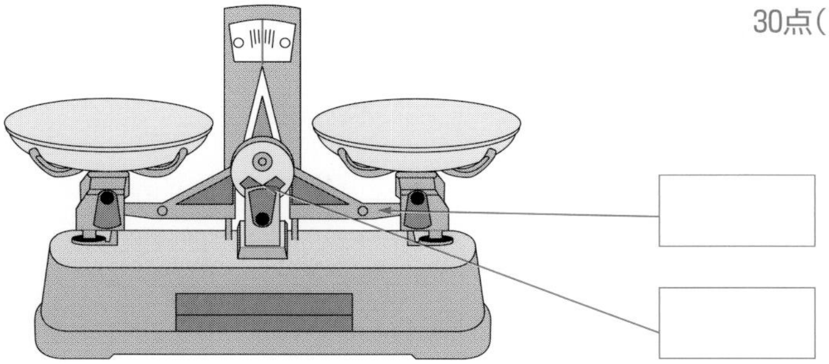

器具の名前

□

うで　支点（してん）　上皿てんびん

2 下の図のてんびんについて、次の問いに答えましょう。　30点（1つ10点）

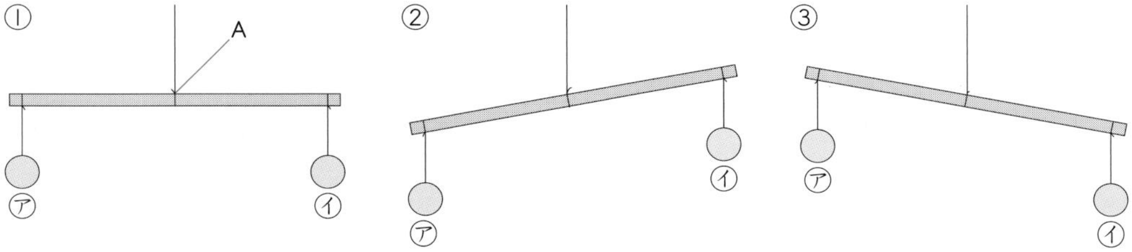

(1)　Aの点を何といいますか。　（　　　）

(2)　㋐と㋑の重さが等しいのは、①～③のどれですか。　[ヒント]　（　　）

(3)　㋐よりも㋑のほうが重いのは、①～③のどれですか。　（　　）

3 次の文の□にあてはまる言葉をかきましょう。　30点（1つ10点）

(1)　上皿てんびんは、㋐□□から左右同じきょりのところに皿がついているため、左右の皿に同じ重さのものをのせたとき、㋑□□□□。

(2)　水平に支えられた棒（ぼう）の、支点から左右同じきょりのところに同じ重さのものをつるすと、棒は水平に□□□□。

(1)㋐

㋑

(2)

10点（なぞりは点数なし）

だいじなまとめ
棒が（ 水平 ）になってつり合うことを利用して、ものの重さを比べたり、はかったりする道具を ｛ てこ・てんびん ｝ という。

[ヒント] **2** (2)てんびんは、支点から左右同じきょりのところにものをつるします。そのてんびんがつり合うとき、左右につり下げたものの重さは等しいことがわかります。

月　日　時間10分　答え69ページ

名前　　　　/100点

8 てこの規則

てこを利用した道具

1 下のてこを利用した道具について、□にあてはまる言葉を、「支点（してん）」・「力点（りきてん）」・「作用点（さようてん）」から選んでかきましょう。　40点（1つ5点）

灰色（はいいろ）の文字はなぞろう。（点数はないよ。）

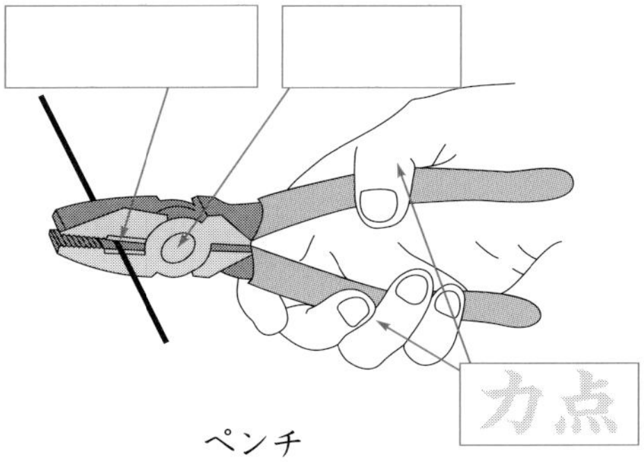

ペンチ

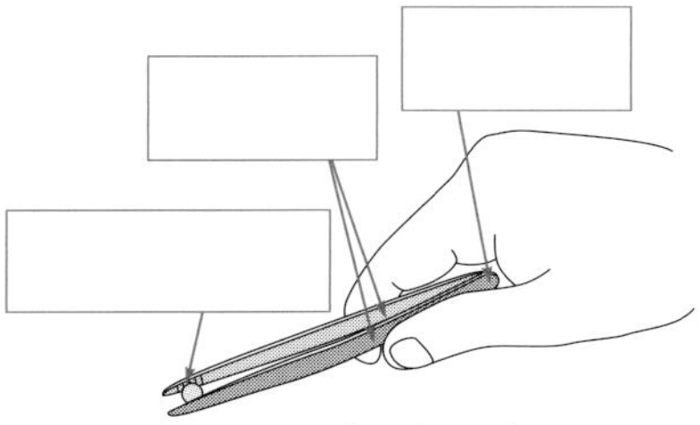

ピンセット

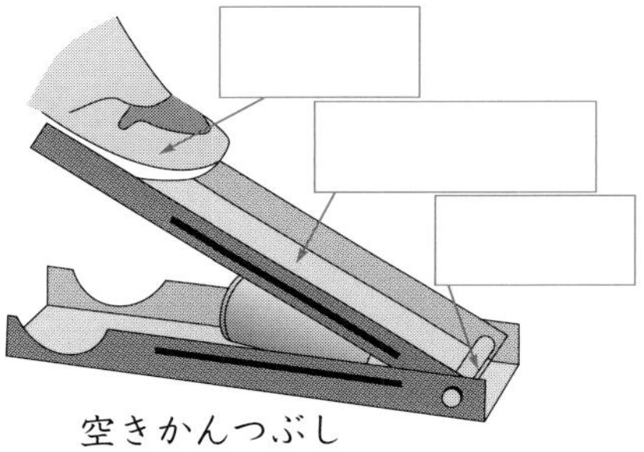

空きかんつぶし

2 次の問いに答えましょう。また、□にあてはまる言葉をかきましょう。　40点（1つ10点）

(1)　ペンチは支点と□□点とのきょりを短くすると、より小さな力で作業できる。

(2)　ペンチは支点と□点とのきょりを長くすると、より小さな力で作業できる。

(3)　せんぬきは支点と□点とのきょりを長くすると、より小さな力で作業できる。

(4)　右の図のペンチで、より小さな力でものが切れる位置を㋐、㋑から選びましょう。 ヒント

(1)

(2)

(3)

(4)

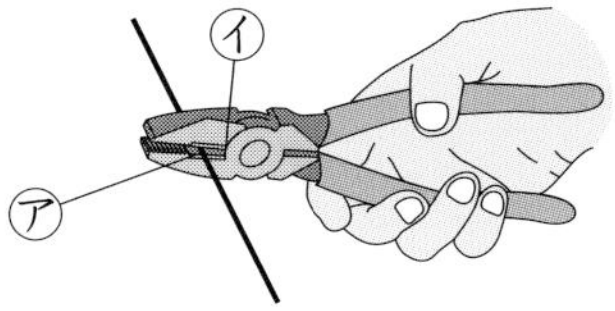

20点（1つ10点、なぞりは点数なし）

だいじなまとめ

てこを利用した道具でより小さな力で作業するには、支点と力点とのきょりを｛短く・長く｝、（ 支点 ）と作用点とのきょりを｛短く・長く｝すればよい。

ヒント **2** (4)支点から作用点までのきょりを短くすると、小さい力ですみます。

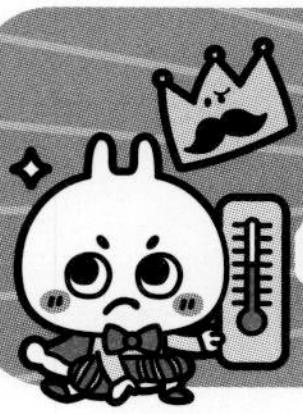

47 まとめのテスト1

月　日　時間15分　答え69ページ

名前

/100点

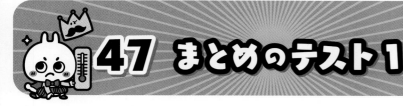

1 次の問いに答えましょう。　40点(1つ10点)

(1) 図のように棒(ぼう)を使って、小さな力でものを動かすものを何といいますか。(　　　)

(2) 図の㋐㋑㋒の部分を何といいますか。

㋐…棒を支えるところ(　　　)

㋑…棒に力を加えるところ(　　　)

㋒…ものに力がはたらくところ(　　　)

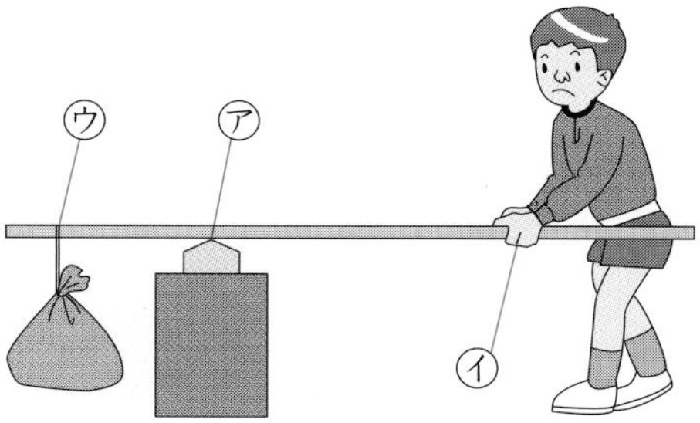

2 図のような器具を使い、左のうでの目盛(めも)り2のところに3個のおもりをつり下げました。次の問いに答えましょう。 [実験]　45点(1つ5点)

(1) 右の図のような器具を何といいますか。

(　　　)

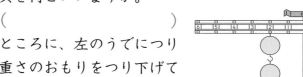

(2) ㋐〜㋕の目盛りのところに、左のうでにつり下げたおもりと同じ重さのおもりをつり下げて水平につり合わせるには、それぞれ何個のおもりをつり下げればよいですか。つり合わせることができないときは×をかきましょう。

㋐(　　　)　㋑(　　　)

㋒(　　　)　㋓(　　　)

㋔(　　　)　㋕(　　　)

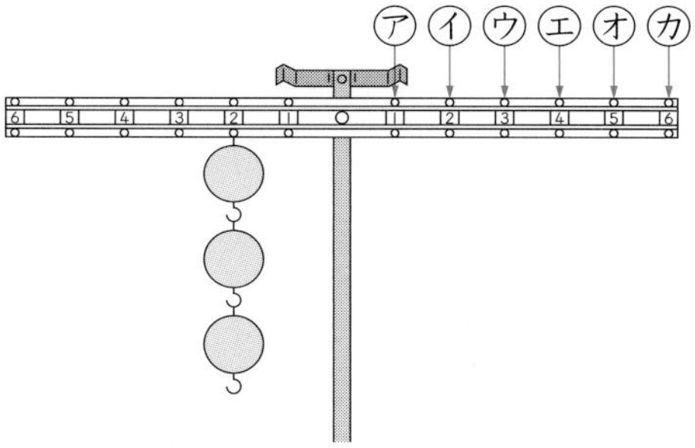

(3) てこが水平につり合うとき、次の文の(　)にあてはまる言葉をかきましょう。

左のうでのおもりの重さ×左のうでの(　　　)からのきょり

＝右のうでの(　　　)の重さ×右のうでの支点(してん)からのきょり

3 右の図のはさみの支点、力点(りきてん)、作用点(さようてん)は㋐〜㋒のどこですか。(　)に記号をかきましょう。

15点(1つ5点)

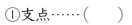

①支点……(　　)

②力点……(　　)

③作用点…(　　)

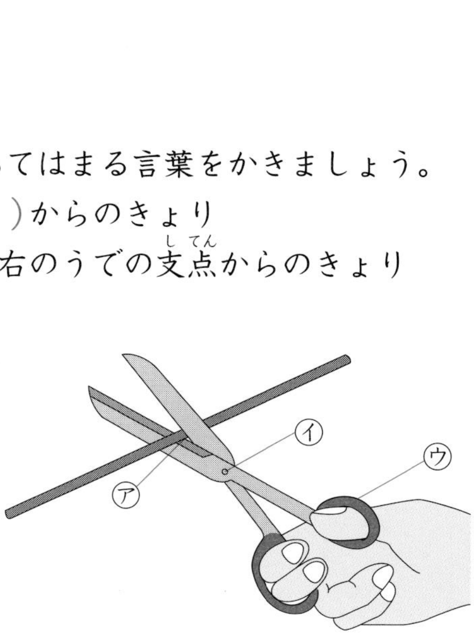

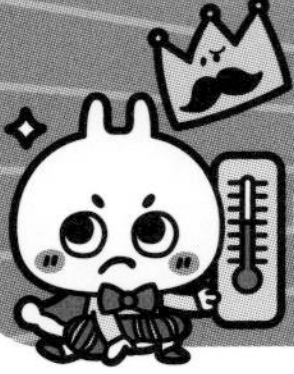

48 まとめのテスト２

月　日　時間15分　答え69ページ

名前

/100点

1 下の図のようなてこを使い、手で棒をおす位置を変えて、手ごたえを調べました。次の問いに答えましょう。 [実験]

70点（１つ10点）

(1) 図１の㋐～㋒の点を何といいますか。

㋐（　　　　　）㋑（　　　　　）㋒（　　　　　）

(2) ものを持ち上げるために、棒をおす力が小さな力ですむのは、図１、２のどちらですか。

（　　　）

(3) 図１で、棒をおす位置をⒶにすると手ごたえはどうなりますか。正しいものに○をつけましょう。

（　　）大きく（重く）なる。

（　　）小さく（軽く）なる。

図１

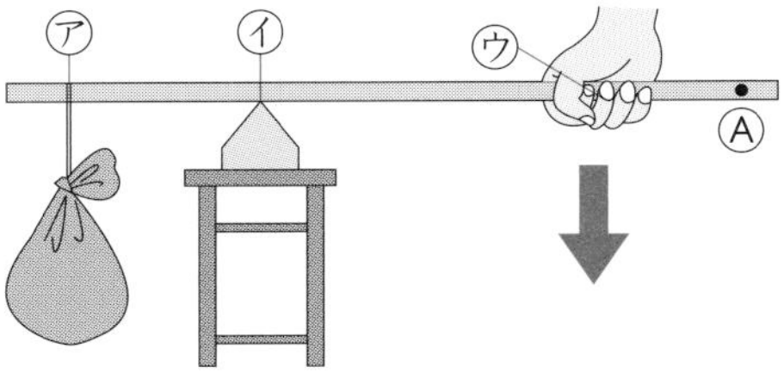

㋐
㋑
㋒
Ⓐ

図２

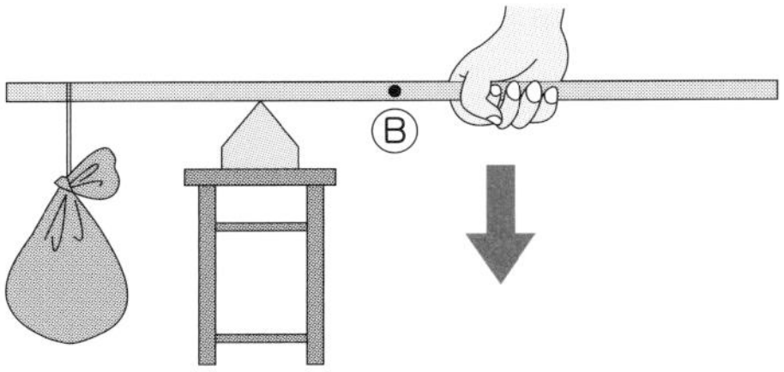

Ⓑ

(4) 図２で、棒をおす位置をⒷにすると手ごたえはどうなりますか。正しいものに○をつけましょう。

（　　）大きく（重く）なる。

（　　）小さく（軽く）なる。

(5) この実験からわかることに○をつけましょう。

（　　）力点を支点に近づけるほど、手ごたえは小さく（軽く）なる。

（　　）力点を支点から遠ざけるほど、手ごたえは小さく（軽く）なる。

2 下の図の実験用てこは水平につり合っています。図の［　］に何gのおもりをつるせばよいですか。［　］に数字をかきましょう。 [実験]

30点（１つ15点）

①

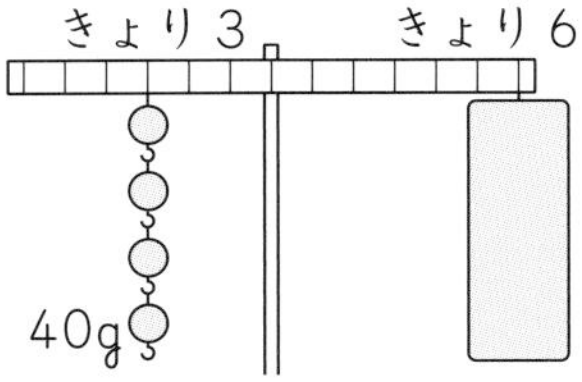

きょり３
きょり６
40g

［　　　］g

②

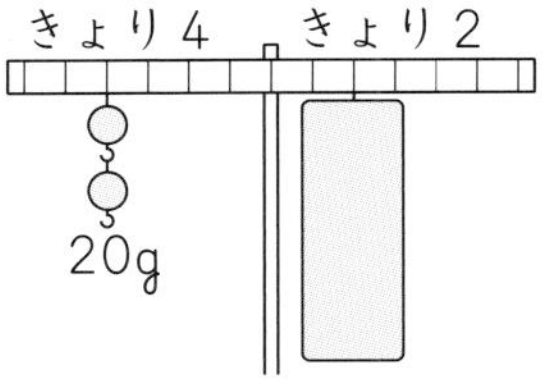

きょり４
きょり２
20g

［　　　］g

1 次の文の（　）にあてはまる言葉をかきましょう。　　　10点

電気をつくることを（　　　　　）という。手回し発電機は、簡単に電気をつくることができる道具である。手回し発電機のハンドルを回すと電気がつくられる。

2 下の表は手回し発電機に、豆電球とプロペラのついたモーターをそれぞれつなぎ、実験した結果です。あてはまるものに〇をつけましょう。 実験　　　60点（1つ10点）

手回し発電機の回し方	豆電球	モーター
① 時計回りに回したとき	（　）明かりがついた。 （　）明かりがつかなかった。	（　）回った。 （　）回らなかった。
② ①と逆向きに回したとき	（　）明かりがついた。 （　）明かりがつかなかった。	（　）①と同じ向きに回った。 （　）①と逆向きに回った。
③ ①より速く回したとき	（　）①より明るくなった。 （　）①より暗くなった。	（　）①よりおそく回った。 （　）①より速く回った。

3 次の問いに答えましょう。また、□にあてはまる言葉を答えましょう。　　20点（1つ10点）

(1) 光が当たると発電するのは、光電池とかん電池のどちらですか。

(2) 光電池に当たる光が□くなると、回路に流れる電流が大きくなる。

(1) _____

(2) _____

10点（1つ5点、なぞりは点数なし）

だいじなまとめ

手回し（ 発電機 ）では、ハンドルを回す向きによって電流の{ 大きさ・向き }が変わる。また、ハンドルを回す速さによって電流の{ 大きさ・向き }が変わる。

2 ハンドルを逆に回すと、電流の向きは逆になります。

51

1 次の文の ☐ にあてはまる言葉をかきましょう。　20点

　電気は、右の図のような ☐ にたくわえることができる。

　また、たくわえた電気は回路につないで使うことができる。

2 次の①～③のように、手回し発電機のハンドルを一定の速さで回してコンデンサーに電気をたくわえた後、豆電球につなぎました。次の問いに答えましょう。💡 🔬実験 40点（1つ20点）

①　10回ハンドルを回してコンデンサーに電気をたくわえた後、豆電球につないだ。

②　20回ハンドルを回してコンデンサーに電気をたくわえた後、豆電球につないだ。

③　30回ハンドルを回してコンデンサーに電気をたくわえた後、豆電球につないだ。

(1)　最も長く明かりがついていたのは、①～③のどれですか。　（　　　）

(2)　最も早く明かりが消えたのは、①～③のどれですか。　（　　　）

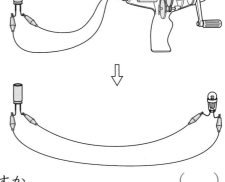

3 **2** の豆電球のかわりに同じ明るさの発光ダイオードを使って、同じように実験をしました。次の文で正しいものには〇、まちがっているものには✕をつけましょう。　🔬実験

30点（1つ10点）

(1)　ハンドルを回す回数が同じ場合、発光ダイオードは豆電球より長く明かりがつく。

(2)　ハンドルを回す回数が同じ場合、発光ダイオードは豆電球より早く明かりが消える。

(3)　この実験から、発光ダイオードは豆電球に比べて、長く明かりがつくことがわかる。

(1) _____

(2) _____

(3) _____

10点（なぞりは点数なし）

> だいじな
> まとめ
> 　発電した電気は、｛ コンデンサー・手回し発電機 ｝ にたくわえて使うことができる。(発光ダイオード)は同じ明るさの豆電球に比べて、長く明かりをつけることができる。

 2 ハンドルを回す回数が多いほど、たくさん電気がたくわえられます。

51

9 発電と電気の利用（はってん）

電気の変かん

月　日　時間 **10**分　答え **70**ページ

名前

/100点

⭐①　次の文の □ にあてはまる言葉をかきましょう。　20点（1つ10点）

　　手回し発電機を使って、豆電球に明かりをつけたとき、豆電球は電気を光に変えている。これを、豆電球は、□ を光に □ したという。

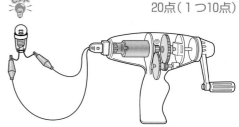

⭐②　次の電気器具は、電気を何に変かんしますか。（　）にあてはまる言葉を、下の □ から選んでかきましょう。　20点（1つ5点）

　(1)　電子オルゴール…電気を（　　）に変かんする。

　(2)　発光ダイオード…電気を（　　）に変かんする。

　(3)　電熱線…電気を（　　）に変かんする。

　(4)　モーター…電気を（　　　　　　）に変かんする。

> いろいろな電気器具を、電気が何に変かんされるかでまとめてみよう。

```
光　音　動き（運動）　熱
```

⭐③　次の問いに、下の □ から言葉を選んで答えましょう。　40点（1つ10点）

　(1)　けい光灯や電球は、電気を何に変かんして利用していますか。

　(2)　電気ポットは、電気を何に変かんして利用していますか。

　(3)　ラジオは、電気を何に変かんして利用していますか。

　(4)　電気自動車は、電気を何に変かんして利用していますか。

(1)

(2)

(3)

(4)

```
光　音　動き（運動）　熱
```

↙20点（1つ10点、順不同、なぞりは点数なし）

> **だいじな まとめ**　電気は、（　　）・（　　）・熱・動き（運動）などに（ 変かん ）されて利用される。

　①「変えている」を別の言葉で言いかえましょう。

月　日　時間**15**分　答え**70**ページ

名前

/100点

1 次の文の（　）にあてはまる言葉をかきましょう。　　　　　50点（1つ10点）

(1) 右の図①は、手回し（　　　　　　）である。
ハンドルを（　　　　）と電気が発生する。

①

ハンドル

(2) 発生した電気で、豆電球や発光ダイオード
に明かりをつけたり、モーターを動かしたり
することができる。
　ハンドルを逆向きに回して発電すると、
モーターの回転は、（　　　　　　）になる。
　また、ハンドルを速く回すと、豆電球の明
かりは（　　　　）なる。

②

(3) 電気は、図③のような
（　　　　　　　　　）にたくわえることが
でき、たくわえた電気を使って、豆電球など
の明かりをつけることができる。

③

2 次の（　）にあてはまる言葉をかきましょう。　　　　　20点（1つ10点）

(1) 電気をつくることを、（　　　　）という。

(2) 光電池（こうでんち）は、当たる光の強さによって、電流の（　　　　　　）が変わる。

3 次の①〜③のように、手回し発電機のハンドルを一定の速さで回してコンデンサーに電
気をたくわえた後、同じ明るさの豆電球や発光ダイオードにつなぎました。次の問いに答
えましょう。

🔬実験 30点（1つ15点）

① 50回ハンドルを回してコンデンサーに電気をたくわえた後、豆電球につないだ。

② 100回ハンドルを回してコンデンサーに電気をたくわえた後、豆電球につないだ。

③ 50回ハンドルを回してコンデンサーに電気をたくわえた後、発光ダイオードにつ
ないだ。

(1) ①と②で、長く明かりがついていたのはどちらですか。　　　　　（　　　）

(2) ①と③で、長く明かりがついていたのはどちらですか。　　　　　（　　　）

1 わたしたちのくらしと水とのかかわりについて調べました。下の図は、ダム、じょう水場、下水処理場（しょりじょう）です。それぞれのはたらきを①～③から選んでかきましょう。30点（1つ10点）

ダム

じょう水場

下水処理場

（　　　）　　　　　　（　　　）　　　　　　（　　　）

①わたしたちが使ってよごれた水を集め、きれいにして川にもどしている。

②川の水などを取り入れてきれいにし、わたしたちが水道で使うための水をつくっている。

③雨水や川の水をためて、生活用水や農業用水、発電（はつでん）などに利用している。

2 次の（　）にあてはまる言葉をかきましょう。　　　20点（1つ10点）

右の図は、石油などを燃やすことなく、（　　　）の力で発電機を回して電気をつくる、（　　　）発電のようすを表している。

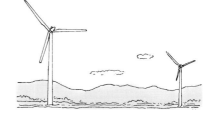

3 次の文で正しいものには〇、まちがっているものには×をつけましょう。　30点（1つ10点）

(1) 二酸化炭素（にさんかたんそ）を出さない燃料としくみで、発電しながら走る自動車が利用されている。

(2) 発光ダイオードを使った信号機がある。

(3) 化学製品を燃やすと、空気をよごすものが発生することがある。

(1)

(2)

(3)

↰20点（なぞりは点数なし）

だいじな
まとめ

環境を守るくふうや努力｛ が必要である・は必要ない ｝。地球にある限られた（ 空気や水 ）がよごれると、わたしたち自身もほかの生物も、困（こま）ることになる。

3 (3)包装容器（ほうそう）やラップシートなどの化学製品を低い温度で燃やすと、ダイオキシンという有害なものが発生するものがあります。

1 次の①〜③の文は、それぞれ下の㋐〜㋒のどれについての内容か、（　）に記号で答えましょう。　30点（1つ10点）

①　ヒトは、生きていくための養分を、生物を食べることで得ています。食べ物として、植物や動物を育てたり、魚をとったりしています。　（　　）

②　水は、飲み物としてだけでなく、生活の中のさまざまな場面で利用されています。また、農業や工業にも多くの水が必要です。　（　　）

③　ヒトの生活に空気は欠かせません。工場などで石油を燃やして空気中へ排出されるガスには、生物にとって有害なものがふくまれることがあるので、できるだけきれいにする工夫が必要です。　（　　）

㋐空気とヒトの生活　　㋑水とヒトの生活　　㋒食べ物とヒトの生活

2 次の文の（　）にあてはまる言葉を、下の □ から選んでかきましょう。　40点（1つ10点）

地球は（　　　　　　　）、大気の星などとよばれている。生物は、日光や水や（　　　　　　）にめぐまれた地球で生きている。わたしたち人間も、自然とともに生きるために、
（　　　　　　）やリサイクル、地球温暖化の原因の一つと言われている
（　　　　　　）を出さない工夫など、環境を守るさまざまな取り組みをしている。
しかし、まだまだ十分とはいえない。みんなでちえを合わせて取り組んでいく必要がある。

火の星　水の星　空気　機械　植林　ばっさい　二酸化炭素

3 次の環境についての文で、正しいものには○、まちがっているものには×をつけましょう。　30点（1つ10点）

（　　）ガソリンをあまり使わない自動車が利用されている。

（　　）家庭で使う洗ざいは、水をよごすことはない。

（　　）節電したり、節水したりすることは、環境を守ることにはならない。

答え

6年の 理科

付録　論理パズル　　　　　(p.1)

❶ 下の図は、水よう液をリトマス紙で調べる実験手順です。〔 〕にあてはまる方を○で囲みましょう。また、（ ）にあてはまる記号を下の □□ から選んでかきましょう。

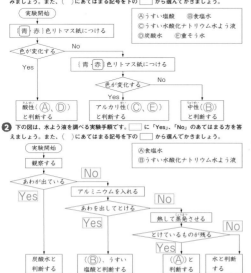

Ⓐうすい塩酸　Ⓑ食塩水
Ⓒうすい水酸化ナトリウム水よう液
Ⓓ炭酸水　Ⓔ重そう水

実験開始
↓
〔青・赤〕色リトマス紙につける
↓
色が変化する ──No──→
│Yes
↓　　　　　　〔青・赤〕色リトマス紙につける
│　　　　　　　　↓
│　　　　　　色が変化する ──No──→
│　　　　　　　│Yes
↓　　　　　　　↓　　　　　　　　↓
酸性（（Ⓐ、Ⓓ）　アルカリ性（（Ⓒ、Ⓔ）　中性（（Ⓑ）
と判断する　　と判断する　　と判断する

❷ 下の図は、水よう液を調べる実験手順です。□□ に「Yes」、「No」のあてはまる方を答えましょう。また、（ ）にあてはまる記号を下の □□ から選んでかきましょう。

Ⓐ食塩水
Ⓑうすい水酸化ナトリウム水よう液

実験開始
↓
観察する
↓
あわが出ている ──No──→ アルミニウムを入れる
│Yes　　　　　　　　　↓
│　　　　　　　　あわを出してとける ──No──→ 熱して蒸発させる
│　　　　　　　　│Yes　　　　　　　　　↓
│　　　　　　　　│　　　　　　　とけているものが残る ──No──→
↓　　　　　　　↓　　　　　　　　↓　　　　　　　　↓
炭酸水と　　　（（Ⓑ）、うすい　　　（（Ⓐ）と　　　水と判断
判断する　　　塩酸と判断する　　判断する　　　する

考え方 ❶ 青色リトマス紙と赤色リトマス紙の色の変化で、酸性・アルカリ性・中性に仲間分けできます。❷ 複数の実験・観察を組み合わせることで、水よう液を細かく区別できます。

付録　お話クイズ　　　　　(p.2)

❶ ドリル王子がかいた次の文章を読んで、問題に答えましょう。

リトマス紙を使うと、水よう液をどのように仲間分けできるか調べた。
〈実験〉
青色と赤色のリトマス紙のそれぞれに、5種類の水よう液をつけて、色の変化を観察した。
〈結果〉
リトマス紙はそれぞれ、下の表のようになった。

	食塩水	炭酸水	うすい塩酸	重そう水	うすいアンモニア水
青色のリトマス紙	変化しなかった。	赤色に変化した。	赤色に変化した。	変化しなかった。	変化しなかった。
赤色のリトマス紙	変化しなかった。	変化しなかった。	変化しなかった。	青色に変化した。	青色に変化した。

〈考え・まとめ〉
5種類の水よう液は、リトマス紙の色の変化によって、下の表のように、酸性・中性・アルカリ性の3つの性質に分けることができる。

	酸性	中性	アルカリ性
リトマス紙の色の変化	青色のリトマス紙が赤色に変化する。	どちらの色のリトマス紙も変化しない。	赤色のリトマス紙が青色に変化する。
水よう液	炭酸水、うすい塩酸	食塩水	重そう水、うすいアンモニア水

(1) リトマス紙の色の変化によって分けられる性質を、3つすべて答えましょう。
（ 酸性 ）（ 中性 ）（アルカリ性）

(2) 上の表の（ ）にあてはまる水よう液を、実験に使ったものから選んでかきましょう。

(3) 青色のリトマス紙につけても紙の色が変化しない水よう液は、酸性、中性、アルカリ性のうちどの性質が考えられますか。
（ 中性 ）（アルカリ性）

考え方 ❶ (3)青色のリトマス紙につけて、赤色に変化する酸性以外の、中性、アルカリ性が考えられます。

1 ものの燃え方と空気の流れ　(p.3)

❶ 下の図の①のように、ねん土に立てたろうそくに火をつけ、底のないびんを上からかぶせて燃え方を調べました。火が燃え続けるものには〇、消えるものには×をつけましょう。

① じゅうぶんな口の広さのあるびん　ねん土　燃え続ける。
② びんの口にふたをした。（×）
③ 底のねん土にすきまをつくった。（〇）
④ 底にすきまがあるびんの口にふたをした。（×）

❷ 下の図のせんこうのけむりの動きのうち、正しい図の（　）2つに〇をつけましょう。

（　）　（〇）　（〇）　（　）

❸ 次の問いに答えましょう。また、□にあてはまる言葉をかきましょう。
(1) 七輪は、空気の入口を設け、新しい□□□を取り入れるくふうをしています。
(2) 右の図の空気の入口をせばめると火はどうなりますか。
(3) 右の図の空気の入口の近くにせんこうを近づけると、けむりは、どうなりますか。

(1) 空気
(2) 小さくなる。（消える。）
(3) （七輪の中に）吸いこまれていく。

空気の入口　七輪

なぞって覚えよう！　（　）にあてはまる言葉をかこう

だいじなまとめ　ものが（燃え）続けるには、（空気）が入れかわることが必要である。

考え方
❶ 火が燃え続けるには、空気が入れかわるようにして、新しい空気を入れる必要がある。❸ 七輪でものを燃やす場合も、空気が入れかわるように、入口と出口が必要となる。

2 空気の成分　(p.4)

❶ 下のグラフは、空気の成分の割合を表しています。それぞれの気体の名前をかきましょう

ちっ素　酸素　二酸化炭素　など

灰色の文字をなぞろう（点線は王さまにしよう）。

約78%　約21%

❷ 下の図は、教室の空気を、酸素用、二酸化炭素用の気体検知管で調べたものです。（　）にあてはまる言葉や数をかきましょう。自盛りの数値は%（体積の割合）です。
(1) 図の①は（酸素）、②は（二酸化炭素）をそれぞれ気体検知管で調べたものである。
(2) 図から、空気中には酸素が（21）%あり、二酸化炭素はわずかしかないということがわかる。

❸ 次の文の□□□にあてはまる言葉を下の□□□から選んでかきましょう。
(1) 空気中で、最も多くふくまれている気体は□□□である。
(2) 空気中で、□□□□□□はわずかしかふくまれない。
(3) 空気中の気体の割合は、□□□□□を使って調べることができる。
(4) □□は、空気の約21%をしめている。

(1) ちっ素
(2) 二酸化炭素
(3) 気体検知管
(4) 酸素

酸素　二酸化炭素　ちっ素　気体検知管

だいじなまとめ　空気は、ちっ素や酸素、二酸化炭素などが混ざったものである。空気の成分は、（気体検知管）を使って調べられる。全体の約78%が（ちっ素）、約21%が（酸素）である。

考え方
❶ 空気の成分で、割合が最も大きい気体、次に大きい気体を考える。❷(2)❶のグラフからも各気体の割合がわかるので、それを参考に考える。

3 ものが燃えたときの空気の変化　(p.5)

❶ 下の図は、ろうそくが燃えた後の空気の変化を調べています。次の問いに答えましょう。(3)は、（　）にあてはまる言葉を〇で囲みましょう。
(1) 石灰水を使って調べることができるのは何という気体ですか。（二酸化炭素）
(2) (1)の気体によって石灰水はどのように変化しますか。（白くにごる）
(3) (2)の結果から、ろうそくが燃えた後の空気には、{酸素・二酸化炭素}が多くふくまれていることがわかる。

火が消えた後、ろうそくを取り出す。
石灰水を入れ、よくふる。

❷ ろうそくが燃える前と燃えた後の空気を、気体検知管を使って調べました。（　）にあてはまる数や言葉をかきましょう。

	酸素の割合	二酸化炭素の割合
ろうそくが燃える前の空気	21%	ごくわずか
ろうそくが燃えた後の空気	（17%）	（4%）

(1) ろうそくが燃えた後の空気にふくまれる酸素と二酸化炭素の割合は何%ですか。気体検知管の目盛りを読み、上の表にかきましょう。
(2) ろうそくが燃える前と燃えた後の空気を気体検知管で調べると、ろうそくが燃えたとき、（酸素）が減り、二酸化炭素が（増え）たことがわかる。

だいじなまとめ　ろうそくや木が燃えると、空気中の（酸素）の一部が使われ、（二酸化炭素）が発生する。空気の成分は、気体検知管や（石灰水）などを使って調べることができる。

考え方
❶ 石灰水は、二酸化炭素と反応して、白くにごる。❷(2)気体検知管の目盛りの変化から考える。ものが燃えると、空気中の酸素の一部が使われて減り、二酸化炭素が増える。

4 ものを燃やすはたらきのある気体　(p.6)

❶ 下の図のようなそれぞれの気体の入ったびんに、火のついたろうそくを入れました。（　）にあてはまる言葉を下の□□□から選んでかきましょう。
(1) （酸素）を入れたびんでは、ろうそくが激しく燃えた。
(2) （ちっ素）や（二酸化炭素）を入れたびんでは、ろうそくの火が消えた。（順不同）
(3) (1)、(2)から、酸素にはどんな性質がありますか。（ものを燃やす）性質

ちっ素　酸素　二酸化炭素　ものを燃やす　火を消す

酸素　ちっ素　二酸化炭素

❷ 下の図のように酸素の中で木を燃やしました。{　}にあてはまる言葉を選び、〇で囲みましょう。
火のついた木を酸素の中に入れると、{火はすぐに消え・激しく燃えた}。
その後、びんの中の気体を気体検知管で調べると、二酸化炭素が{多くふくまれていた・全くふくまれていなかった}。

酸素

❸ 次の文で正しいものには〇、まちがっているものには×をつけましょう。
(1) 酸素はものを燃やすはたらきがある。
(2) ちっ素の入ったびんの中に、火がついたろうそくを入れるとほのおが大きくなる。
(3) 二酸化炭素は、石灰水を白くにごらせる。
(4) 空気中で木や紙を燃やすと、灰や炭が残る。

{　}の中の正しい言葉を選んで、〇で囲もう。

(1) 〇
(2) ×
(3) 〇
(4) 〇

だいじなまとめ　酸素中では、ものが（激しく）おだやかに燃え、空気中では、ものがおだやかに燃える。これは、ものを燃やすはたらきがない（ちっ素）や（二酸化炭素）が空気中にふくまれているからである。

考え方
❶ 酸素には、ものを燃やすはたらきがあるが、ほかの2つの気体にはそれがない。❸(2)ちっ素の入ったびんの中に、火がついたろうそくを入れると、火は消えてしまう。

右上につづく ↑

5 まとめのテスト1 (p.7)

1 下の図のように、ろうそくを燃やしました。次の問いに答えましょう。

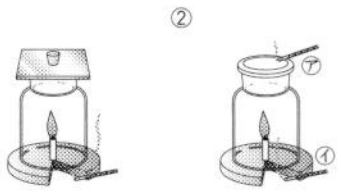

①
②
㋐
㋑

(1) ①のびんの中で、ろうそくの火はどうなりますか。 (消える。)
(2) ②のびんの中で、ろうそくの火はどうなりますか。 (燃え続ける。)
(3) ②のびんに、㋐、㋑のようにせんこうを近づけました。けむりは、それぞれどのように動きますか。
㋐(上のほうへ上がっていく。) ㋑(びんの中へ入っていく。)
(4) せんこうのけむりの動きは、何の動きと同じですか。 (空気)
(5) 次の( )にあてはまる言葉を下の□から選んでかきましょう。
せんこうの(けむり)の動きから、燃え続けるとき、(新しい空気)がびんの下から入り、燃えた後の空気がびんの(上)から出ていくことがわかる。

[上　下　新しい空気　けむり]

2 気体検知管を使って、ろうそくが燃えた後の空気を調べました。[実験]
(1) それぞれの気体検知管の目盛りを読みましょう。

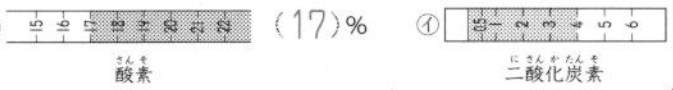

酸素
二酸化炭素

㋐ (17)%　㋑ (4)%

(2) ろうそくが燃えて増えた気体は何ですか。 (二酸化炭素)
(3) ろうそくが燃えて減った気体は何ですか。 (酸素)

3 びんの中で木や紙を燃やしました。
(1) 木や紙が燃えた後、何が残りますか。 (炭(灰))
(2) 燃えた後の空気を調べました。次の( )にあてはまる言葉をかきましょう。
びんに石灰水を入れて、よくふると、白くにごった。このことから、びんの中には、(二酸化炭素)が多くふくまれていることがわかる。

考え方 **1** せんこうのけむりの動きは、空気の動きである。空気が入れかわり新しい空気が入ると、ものは燃え続ける。

6 まとめのテスト2 (p.8)

1 びんの中で木を燃やし、燃える前と燃えた後のびんの中の空気を調べました。次の問いに答えましょう。

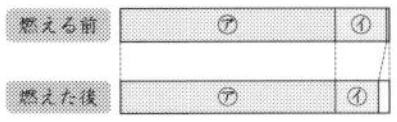

燃える前
㋐
㋑
燃えた後
㋐
㋑

(1) ㋐は何という気体ですか。 (ちっ素)
(2) ㋑は何という気体ですか。 (酸素)
(3) 木が燃えた後も割合が変わらなかった気体は何ですか。 (ちっ素)
(4) 木が燃えた後、割合が減った気体は酸素と二酸化炭素のどちらですか。 (酸素)
(5) 木が燃えた後、割合が増えた気体は酸素と二酸化炭素のどちらですか。 (二酸化炭素)

2 下の図のように、空気、ちっ素、酸素が別々に入ったびんの中に、火のついた木を入れて実験しました。次の問いに答えましょう。(3)は、( )にあてはまる言葉をかきましょう。[実験]

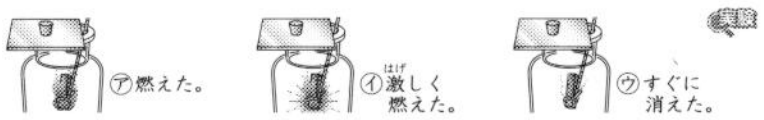

㋐燃えた。
㋑激しく燃えた。
㋒すぐに消えた。

(1) ㋐〜㋒のびんに入っている気体は、それぞれ何ですか。
㋐(空気) ㋑(酸素) ㋒(ちっ素)
(2) ものを燃やすはたらきのある気体は、ちっ素と酸素のどちらですか。(酸素)
(3) ㋐には、ものを燃やすはたらきのある(2)の気体のほかに、ものを燃やすはたらきのない(ちっ素)や二酸化炭素もふくまれるため、㋑よりおだやかに燃える。

3 下の図のように木をかんの中で燃やしました。次の問いに答えましょう。(3)は、( )にあてはまる言葉をかきましょう。

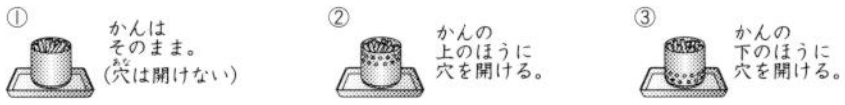

①
かんはそのまま。(穴は開けない)
②
かんの上のほうに穴を開ける。
③
かんの下のほうに穴を開ける。

(1) 木が最もよく燃えるのは、①〜③のどれですか。 (③)
(2) この実験から、穴の位置と、木の燃え方についてわかることをかきましょう。
(穴が下にあるほうがよく燃える。)
(3) 木がよく燃えるためには、空気の(入)口と(出)口がなくてはならない。
(4) 木が燃えた後、何が残りますか。 (炭(灰))

考え方 **3** (4)空気のあるところでは主に灰が、空気のないところでは主に炭が残る。

7 日光と葉のでんぷん (p.9)

1 下の図のように、ジャガイモの葉に養分がつくられるか調べました。( )にあてはまる言葉をかきましょう。[実験]

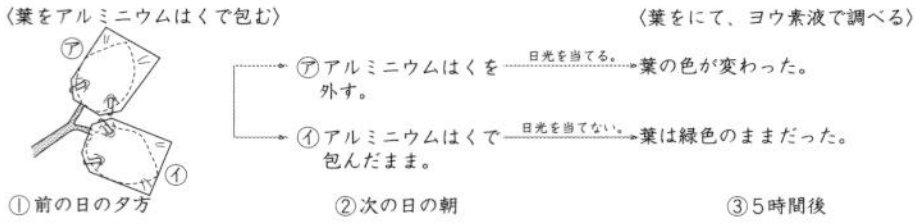

〈葉をアルミニウムはくで包む〉
〈葉をにて、ヨウ素液で調べる〉
㋐
㋑
㋐アルミニウムはくを外す。
日光を当てる。
葉の色が変わった。
㋑アルミニウムはくで包んだまま。
日光を当てない。
葉は緑色のままだった。
①前の日の夕方
②次の日の朝
③5時間後

(日光)を当てた㋐の葉の色が、ヨウ素液で青むらさき色に変化した。このことから、葉で(でんぷん)がつくられたことがわかる。

2 下の図のように、日光に当てたジャガイモの葉の養分を調べました。( )にあてはまる記号や言葉をかきましょう。[実験]
(1) 葉の養分の調べ方が正しくなるように、①〜④を順に並べましょう。
(③) → (①) → (②) → (④)

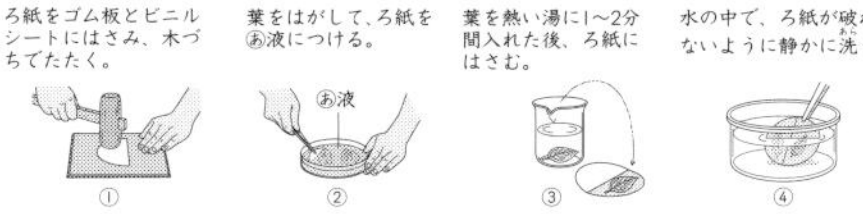

ろ紙をゴム板とビニルシートにはさみ、木づちでたたく。
葉をはがして、ろ紙をあ液につける。
葉を熱い湯に1〜2分間入れた後、ろ紙にはさむ。
水の中で、ろ紙が破れないように静かに洗う。
あ液
①
②
③
④

(2) あ液は、でんぷんを調べる(ヨウ素液)である。
(3) あ液につけると、ろ紙は青むらさき色になる。葉に日光が当たると、(でんぷん)という養分ができる。

だいじなまとめ 植物の葉に日光が{当たらない・当たる}と、でんぷんができる。植物は、生きるための(養分)を自分で{つくる・つくらない}。

考え方 **1** アルミニウムはくで日光をさえぎると、葉ででんぷんはつくられない。**2** でんぷんをろ紙にたたき出して調べる方法である。

8 植物に取り入れられる水 (p.10)

1 下の図のように、色をつけた水にホウセンカを入れ、数時間後に観察をしました。( )にあてはまる言葉を下の□から選んでかきましょう。[実験]

時間がたつと、三角フラスコの中の水のかさは(減って)いた。色をつけた水でホウセンカが染まったところは、(水)の通り道だと考えられる。この通り道は、根から(くき)を通って(葉)へと続く。

[葉　くき　根　水　空気　減って　増えて]

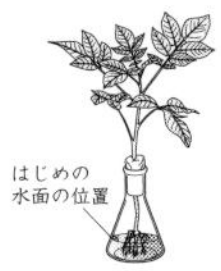

はじめの水面の位置

2 色をつけた水にホウセンカの根を入れ、数時間後にくきを、縦と横に切りました。染まった部分を表す図として、正しい図の( )に○をつけましょう。[実験]

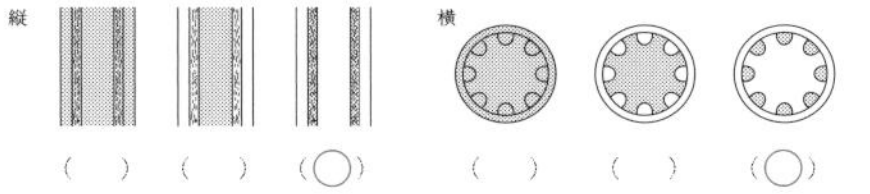

縦
横

縦：( ) ( ) (○)　横：( ) ( ) (○)

3 次の問いに答えましょう。また、□にあてはまる言葉をかきましょう。
(1) 水の入ったびんに植物を入れ、数時間おくと、水のかさはどうなりますか。
(2) ほとんどの水は、植物の□から取り入れられる。
(3) 水の通り道は、根からくき、くきから□へと続いている。
(4) 根から取り入れられた水は、植物の体全体まで行きわたりますか。

(1) 減る。
(2) 根
(3) 葉
(4) 行きわたる。

だいじなまとめ 植物の(根)、(くき)、(葉)には、水の(通り道)があり、この通り道を通って、水が植物の体全体まで行きわたる。

考え方 **1** ホウセンカが根から水を吸い上げ、根、くき、葉の水の通り道が色水によって染まる。**2** くきの中の水の通り道は、ホウセンカの場合、輪のように並んでいる。

右上につづく

9 植物の体から出ていく水 (p.11)

1 下のホウセンカの図を見て、( )にあてはまる記号や言葉を下の□から選んでかきましょう。

しばらく置いておくと、(㋑)のふくろの内側がくもってきて、水てきが見られた。もう一方のふくろはほとんど見られなかった。

このことから、(根)から取り入れられた水は、おもに(葉)から空気中に出ていくと考えられる。

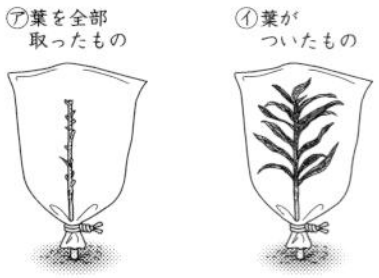

㋐葉を全部取ったもの
㋑葉がついたもの

㋐ ㋑ 根 くき 葉 水

2 下の図のように葉の裏のとうめいなうすい皮をけんび鏡で観察しました。次の( )にあてはまる言葉をかきましょう。

植物の葉に見られる㋐のような小さな穴を(気こう)という。

水は㋐から(水蒸気)になって出ていく。このことを(蒸散)という。

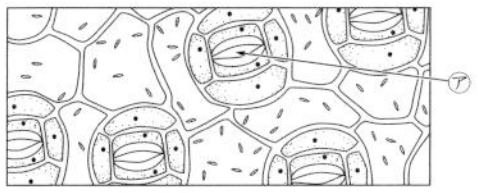

㋐

3 次の問いに答えましょう。また、□にあてはまる言葉をかきましょう。

(1) 根から取り入れられた水は、根、くき、葉のうち、おもにどこから外へ出ますか。

(2) 葉の表面から、水は①□□□となって空気中に出ていく。このことを②□□という。また、①が出ていく小さな穴を③□□□という。

(1) 葉
(2)① 水蒸気
② 蒸散
③ 気こう

だいじなまとめ
植物の葉の表面にある(気こう)という小さな穴から、水が(水蒸気)となって出ていくことを{蒸散・蒸気}という。

考え方 **2** 根から取り入れられた水は、葉にある気こうから水蒸気として出される。これを蒸散という。

10 まとめのテスト1 (p.12)

1 ジャガイモの葉について、次の文の( )にあてはまる言葉をかきましょう。

ヨウ素液で調べると、日光に当たった葉は青むらさき色になり、日光に当たらなかった葉は緑色のままだった。葉に(日光)が当たると(でんぷん)ができる。

2 下のホウセンカの図を見て、次の問いに答えましょう。

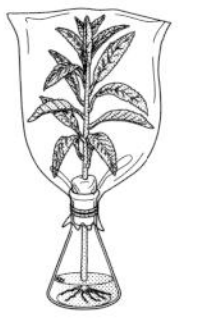

(1) ふくろをかけてから数分たつと、ふくろの内側はどうなりますか。
(白くくもる。(水てきがつく。))

(2) 根から取り入れた水は、根、くき、葉のうちおもにどこから空気中に出ていきますか。
(葉)

(3) (2)の部分から出ていく水は、何になって出ていきますか。
(水蒸気)

(4) 植物の体から、水が(3)のように姿を変えて空気中に出ていくことを何といいますか。(蒸散)

(5) ふくろを外して、1日たつと、フラスコの中の水はどうなりますか。
(減る。(少なくなる。))

3 右の図のように、ホウセンカを色をつけた水に入れ、数時間ようすを観察しました。次の文の正しいものに○をつけましょう。また、次の問いに答えましょう。

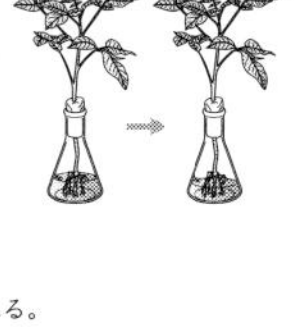

(1) 色のついたところは、どの部分ですか。
( )葉の先にだけ色がついている。
( )根にだけ色がついている。
(◯)根、くき、葉に色がついている。

(2) 根から取り入れた水は、どのようになりますか。
(◯)根、くき、葉を通る。
( )根、くきを通って、葉は通らない。
( )根からくきを通って、おもにくきから外へ出される。

(3) この実験で、色のついたところは何の通り道ですか。 (水)

考え方 **2** (5)植物は水を根から取り入れ、葉から出すので、フラスコの中の水は減る。
3 (1)取り入れられた水は、根、くき、葉を通り植物の体全体へ行きわたる。

11 まとめのテスト2 (p.13)

1 下の図のように、葉の裏のとうめいなうすい皮をけんび鏡で観察しました。次の問いに答えましょう。

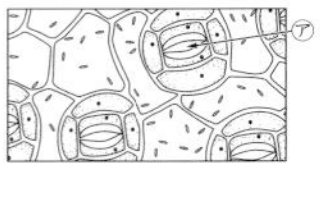

㋐

(1) 図の㋐の穴を何といいますか。
(気こう)

(2) (1)はどんなはたらきをしますか。( )にあてはまる言葉をかきましょう。
根から取り入れた(水)を水蒸気として空気中へ出す。このはたらきを(蒸散)という。

(3) 水はおもに、根・くき・葉のどこから出ていきますか。 (葉)

2 色をつけた水にホウセンカの根を入れ1日おき、くきを横と縦に切りました。次の問いに答えましょう。

(1) 切り口のようすを表した図として、それぞれ正しいものに○をつけましょう。

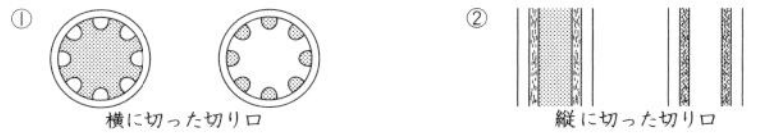

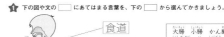

①
横に切った切り口
②
縦に切った切り口

①( ) (◯) ②( ) (◯)

(2) 色のついたところは、何が通った部分ですか。( )にあてはまる言葉をかきましょう。
ホウセンカの(根)から取り入れられた(水)の通った部分。

3 次の問いに、【 】の中の言葉を使って答えましょう。

(1) 根から取り入れられた水が、どのように葉から出ていくのか説明しましょう。
【葉、気こう、水蒸気】
(葉の気こうから水蒸気となって出ていく。)

(2) 植物の養分と日光の関係を説明しましょう。
【日光が当たる、葉、でんぷん】
(葉に日光が当たると、でんぷんができる。)

考え方 **1** (1)気こうは、植物の葉に見られる。**3** (1)根から取り入れられた水は、くきを通り、葉の気こうから水蒸気となって出ていく。

12 消化と吸収 (p.14)

1 下の図や文の□にあてはまる言葉を、下の□から選んでかきましょう。

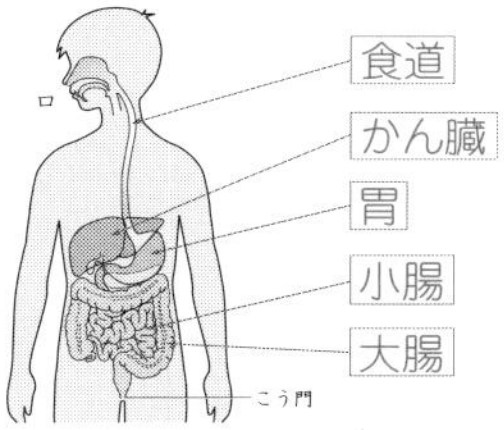

口
食道
かん臓
胃
小腸
大腸
こう門

大腸 小腸 かん臓 消化管 胃 食道

口からこう門までのつながっている管を 消化管 という。

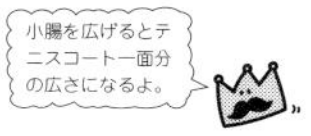

小腸を広げるとテニスコート一面分の広さになるよ。

2 次の( )にあてはまる言葉を、下の□から選んでかきましょう。

食べ物は、だ液や胃液といった(消化液)のはたらきで、体に吸収されやすいものに変えられ、おもに(小腸)で吸収される。

吸収された養分は、(かん臓)にたくわえられたり、血液によって(全身)に運ばれて、生きていくために使われたりする。

全身 小腸 かん臓 消化液

3 次の問いに答えましょう。

(1) 口から入った養分がおもに吸収される臓器は何ですか。
(2) 食べ物を吸収されやすいものに変えるはたらきを何といいますか。
(3) (2)のはたらきをする液を何といいますか。

(1) 小腸
(2) 消化
(3) 消化液

だいじなまとめ
食べ物をかみくだいたり、吸収されやすいものに変えたりするはたらきを{消化・吸収}といい、(だ液)や(胃液)を{消化液・吸収液}という。

考え方 **1** 食べ物の通り道は、口、食道、胃、小腸、大腸、こう門の順である。**2** おもに小腸で吸収された養分は、血液によって体の各部分に運ばれ、一部はかん臓にたくわえられる。

右上につづく

13 だ液による食べ物の変化 (p.15)

1 下の図のように、㋐、㋑のろ紙の一方だけにだ液をつけて、だ液のはたらきを調べました。次の問いに答えましょう。

(1) 水の温度は何度ぐらいが適当ですか。
（ 0℃・10℃・ <u>40℃</u> ・80℃ ）

(2) 水を(1)の温度にするのはなぜですか。
（体温と同じくらいの温度にするため。）

(3) ろ紙にでんぷんをふくませ、5分後ヨウ素液をつけると、㋐は変化がなく、㋑は青むらさき色になりました。でんぷんがなくなったのはどちらですか。（ ㋐ ）

(4) だ液をつけたのはどちらですか。（ ㋐ ）

(5) だ液は、でんぷんをどのようにするはたらきがありますか。
（ でんぷんを別のものに変化させるはたらき。 ）

2 次の文で正しいものには○、まちがっているものには×をつけましょう。

(1) だ液は、でんぷんを別のものに変えるはたらきがあるので、でんぷんにだ液を混ぜたものにヨウ素液をつけると青むらさき色になった。 ……… (1) ×

(2) だ液には、でんぷんを別のものに変えるはたらきがないので、でんぷんにだ液を混ぜたものにヨウ素液をつけても色は変化しない。 ……… (2) ×

(3) でんぷんにだ液を混ぜたものにヨウ素液をつけると、でんぷんとはちがうものに変わったので、ヨウ素液の色は変わらなかった。 ……… (3) ○

(4) だ液のようなはたらきをするものを消化液という。 ……… (4) ○

> だいじなまとめ
> だ液は、{ ヨウ素液・<u>でんぷん</u> }を別のものに変えるはたらきがある。（ でんぷん ）に{ <u>だ液</u>・水 }を混ぜたものにヨウ素液をつけても、色は変わらない。

考え方 **1** (1)(2)だ液のはたらきを調べる実験は、体温ぐらいの温度条件で行う。(3)だ液のはたらきで、でんぷんがほかのものに変化すると、ヨウ素液は青むらさき色にならない。

---

14 吸う空気とはき出した息 (p.16)

1 下の図のように、吸う空気とはき出した息のちがいを調べました。次の問いに答えましょう。

(1) A、Bのそれぞれに石灰水を入れてふるとどうなりますか。
A（ 変化しない。 ）
B（ 白くにごる。 ）

(2) 右の①、②は、AとCを気体検知管で調べた結果です。次の（ ）にあてはまる言葉をかきましょう。

はき出した息は、吸う空気と比べ、（ 酸素 ）が減り、（ 二酸化炭素 ）が増える。

2 下の呼吸に関係する体のつくりの図を見て、次の問いに答えましょう。

(1) ㋐と㋑の名前をそれぞれかきましょう。
㋐（ 気管 ） ㋑（ 肺 ）

(2) ㋑では、吸いこまれた空気中の（ 酸素 ）の一部が血液に取り入れられ、血液中の（ 二酸化炭素 ）が出される。

二酸化炭素
酸素
酸素が多い血液
二酸化炭素が多い血液

> だいじなまとめ
> 空気を吸ったり、息をはき出したりすると、空気中の{ <u>酸素</u>・二酸化炭素 }の一部が取り入れられ、{ 酸素・<u>二酸化炭素</u> }が体内から出される。

考え方 **1** (2)ヒトは空気中の酸素の一部を体に取り入れ、二酸化炭素を出す。はき出した息にも酸素はふくまれる。 **2** 気管を通った空気中の酸素は、肺で血液中に取り入れられる。

---

15 血液の流れ (p.17)

1 下の図は、血液の流れのようすを表しています。次の問いに答えましょう。

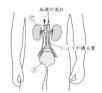

(1) ㋐は何ですか。下の □ から選んでかきましょう。
| 肺 | 心臓 | 胃 | 大腸 | 小腸 |
（ 心臓 ）

(2) ㋐は、どのようなはたらきをしていますか。正しいものを1つ選んで、○をつけましょう。
（ ○ ）血液を全身に送る。 （ ）血液をためる。
（ ）血液を別のものにつくりかえる。

(3) 次の（ ）にあてはまる言葉を、「脈はく」、「はく動」から選んでかきましょう。
㋐は、縮んだりゆるんだりして血液を送り出す。この動きを（ はく動 ）という。この動きは、血管を伝わり、手首などでも感じることができる。これを（ 脈はく ）という。

2 次の（ ）にあてはまる言葉を、「二酸化炭素」、「酸素」から選んでかきましょう。

血液は、全身をめぐっている。心臓から全身へ送り出される血液には（ 酸素 ）が多くふくまれ、全身から心臓へもどってくる血液には（ 二酸化炭素 ）が多くふくまれる。

3 次の文で正しいものには○、まちがっているものには×をつけましょう。

(1) 心臓が血液を送り出す動きをはく動という。 ……… (1) ○

(2) 脈はくは、はく動が血管を伝わり、手首などで感じる動きのことである。 ……… (2) ○

> だいじなまとめ
> （ 血液 ）は、（ 心臓 ）から送り出され、全身に{ 酸素・二酸化炭素 }や養分を運んだり、{ 酸素・<u>二酸化炭素</u> }や体に不要なものを受け取ったりする。

考え方 **1** (3)心臓の動きをはく動という。 **2** 血液は、心臓から送り出されて全身へ養分や酸素を運び、不要なものや二酸化炭素を受け取って心臓へもどってくる。

---

16 じん臓・ぼうこう・にょう (p.18)

1 下の図を見て、（ ）にあてはまる言葉を、下の □ から選んでかきましょう。

(1) ㋐と㋑の名前をそれぞれかきましょう。
㋐（ じん臓 ） ㋑（ ぼうこう ）

(2) 全身をめぐってきた血液は、体の各部分で不要になったものをふくんでいる。㋐では、血液中の不要なものや余分な水分がこし出され、（ にょう ）ができる。

| ぼうこう | じん臓 | にょう |

血液の流れ
にょうが通る管

2 次の文で正しいものには○、まちがっているものには×をつけましょう。

(1) ぼうこうは、にょうをためるところである。 ……… (1) ○

(2) にょうは、心臓でつくられた体に不要なものである。 ……… (2) ×

(3) にょうは、消化管で吸収されなかった養分である。 ……… (3) ×

(4) にょうは、血液中の不要なものや水がこし出されたものので、じん臓でつくられる。 ……… (4) ○

(5) にょうは、じん臓から出ている管を通ってぼうこうへ運ばれる。 ……… (5) ○

> 体内でできた不要なものは、血液でじん臓に運ばれるよ。

> だいじなまとめ
> 背中側にある、ソラマメのような形をした（ じん臓 ）は、血液中の不要なものをこし出して、（ にょう ）できる。それは、しばらく（ ぼうこう ）にためられ、やがて体外へ出される。

考え方 **2** (2)にょうは、じん臓でつくられる。 (3)消化管で吸収されなかったものは、便としてこう門からはい出される。

17 まとめのテスト1 (p.19)

1 下の図を見て、( )にあてはまる言葉を下の[ ]から選んでかきましょう。(同じ言葉をくり返して使ってもよいです。)

(1) 口から取り入れられた食べ物は、次の順で通ります。
食道→(胃)→(小腸)→(大腸)→こう門

(2) 口からこう門までの食べ物の通り道を(消化管)という。

(3) (2)で消化された養分は、おもに(小腸)で吸収され、(血液)の中に入り、(かん臓)にたくわえられる。

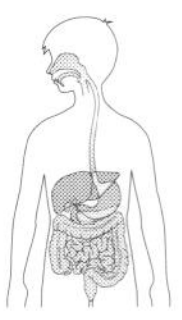

大腸 小腸 胃 かん臓 血液 消化管

2 呼吸のはたらきを調べました。次の問いに答えましょう。

(1) ポリエチレンのふくろに吸う空気(周りの空気)を入れ、石灰水を入れてよくふりました。石灰水は、どうなりますか。 (変化しない。)

(2) ポリエチレンのふくろに息をふきこみ、石灰水を入れてよくふりました。石灰水は、どうなりますか。 (白くにごる。)

(3) このことから、はき出した息には、何が増えたといえますか。(二酸化炭素)

(4) 呼吸に関わり、空気中の酸素を血液に取りこむ臓器を何といいますか。 (肺)

3 次の文の( )にあてはまる言葉を下の[ ]から選んでかきましょう。

(1) 血液は、心臓のはたらきで(全身)に送られている。

(2) 心臓が血液を送り出す動きを(はく動)という。この動きは、(手首)などで感じることができ、これを(脈はく)という。

(3) 血液は、全身に(酸素)や養分を運び、体に不要なものや(二酸化炭素)を受け取る。

(4) 血液中の不要なものや余分な水分は、(じん臓)でこし出され、にょうとなる。にょうは、しばらく(ぼうこう)にためられ、その後、体外へ出される。

手首 全身 はく動 脈はく 酸素 二酸化炭素 じん臓 ぼうこう

考え方 **2** 吸う空気には、二酸化炭素がほとんどふくまれていない。はき出した息は、二酸化炭素が増えている。

18 まとめのテスト2 (p.20)

1 下の図を見て、ヒトの食べ物の取り入れ方について、次の問いに答えましょう。

(1) 食べ物を体に取り入れやすいものに変えるはたらきを何といいますか。 (消化)

(2) ㋐〜㋓を何といいますか。 ㋐(かん臓) ㋑(胃) ㋒(小腸) ㋓(大腸)

(3) でんぷんにヨウ素液をつけると色は変わりますか。 (変わる。)

(4) でんぷんにだ液を加え、数分後、ヨウ素液をつけると色は変わりますか。 (変わらない。)

(5) だ液や胃液のようなはたらきをするものを何といいますか。 (消化液)

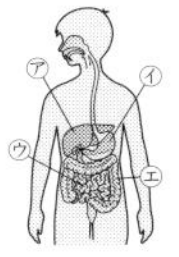

ア
イ
ウ
エ

2 ヒトの体のはたらきについて、( )にあてはまる言葉を下の[ ]から選んでかきましょう。(同じ言葉をくり返して使ってもよいです。)

(1) ヒトは呼吸によって、(肺)で、空気中の(酸素)の一部を体内に取り入れ、(二酸化炭素)を体外へ出している。

(2) 体に取り入れられた食べ物は、口からこう門へ続く(消化管)を通り、消化された養分は(小腸)で吸収される。

(3) 血液は(心臓)のはたらきで全身に送られ、(酸素)や二酸化炭素を運んでいる。

(4) 体の中に取り入れた養分は、血液によって体の各部分へ運ばれ、エネルギーとして使われたり、(かん臓)にたくわえられたりする。

酸素 二酸化炭素 肺 心臓 小腸 消化管 かん臓

3 次の文で正しいものには○、まちがっているものには×を( )にかきましょう。

(×)心臓のはく動と脈はくは、ずれることが多い。
(×)ヒトがはき出した息には、酸素がふくまれていない。
(○)心臓は、たえず縮んだりゆるんだりしながら血液を送り出している。
(○)じん臓は、血液中の体に不要なものをこし出している。

考え方 **3** はく動と脈はくは、基本的にいっちする。ヒトがはき出した息には、吸う空気と比べて割合は少ないが酸素がふくまれている。

19 食物れんさ (p.21)

1 下の図のように、生物どうしの関係を調べました。( )にあてはまる言葉をかきましょう。

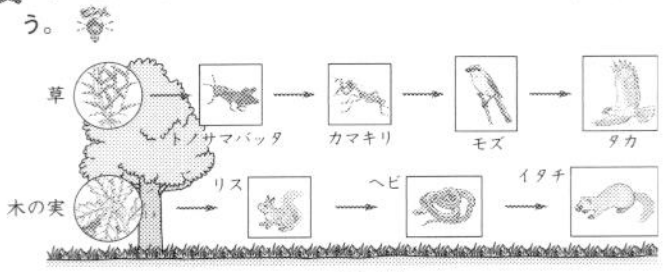

草
トノサマバッタ
カマキリ
モズ
タカ
木の実
リス
ヘビ
イタチ

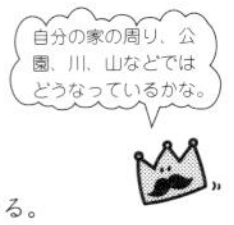

自分の家の周り、公園、川、山などではどうなっているかな。

(1) 動物は、植物やほかの(動物)を食べて養分を得ている。

(2) 生物どうしは、食べる・(食べられる)という関係でつながっている。このつながりを(食物れんさ)という。

2 次の( )にあてはまる言葉をかきましょう。

植物は、(日光)が葉に当たることで、自分で(養分)をつくることができる。動物は、植物やほかの動物を食べて養分を得ている。

3 次の文で正しいものには○、まちがっているものには×をつけましょう。

(1) すべての動物は、植物だけを食べて生きている。
(2) 植物は、日光が当たると自分で養分をつくることができる。
(3) 生物どうしの「食べる・食べられる」の関係のつながりを食物れんさという。
(4) ヒトや動物は、自分で養分をつくることができる。

(1) ×
(2) ○
(3) ○
(4) ×

だいじなまとめ 生きていくため、動物は(植物)や、ほかの(動物)を食べる。生物どうしの「(食べる・食べられる)」の関係のつながりを(食物れんさ)という。

考え方 **1** 草食動物は植物を食べ、肉食動物はほかの動物を食べる。**2** 動物はほかの生物を食べ、養分を得るが、植物は自分で養分をつくる。

20 水中の小さな生物 (p.22)

1 池や川の水中には、小さな生物がいます。下の図の[ ]にあてはまる生物の名前を、下の[ ]から選んでかきましょう。

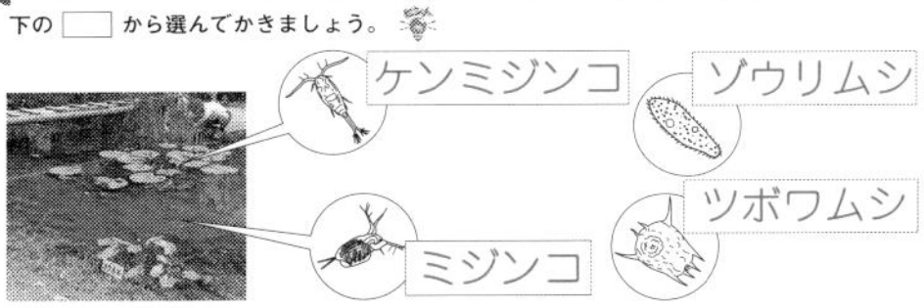

ケンミジンコ
ゾウリムシ
ツボワムシ
ミジンコ

ミジンコ ゾウリムシ ツボワムシ ケンミジンコ

2 下の図を見て、( )にあてはまる言葉を、下の[ ]から選んでかきましょう。

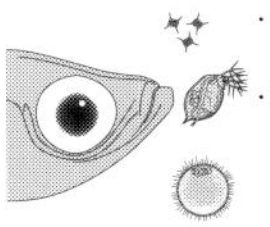

・池や川の水中で、メダカは(ミジンコ)を食べ、ミジンコはさらに小さい(イカダモ)を食べる。
・メダカやメダカの(たまご)が、ほかの生物に食べられることもある。

たまご イカダモ ミジンコ

3 次の□にあてはまる言葉を下の[ ]から選んでかきましょう。

(1) 池や川の水中には、小さな□□がたくさんすんでいる。 (1) 生物
(2) 池や川で、メダカなどの魚は、水中の小さな生物を□□□いる。 (2) 食べて

食べて 守って 生物

だいじなまとめ 水中の生物どうしも、{ 小さな ・ 大きな } 生物を出発点とする食物れんさでつながり合っている。

考え方 **2** 池や川の水中には、けんび鏡を使わないと見えない小さな生物がたくさんいる。メダカはミジンコを食べ、ミジンコはイカダモを食べて育つ。

右上につづく

21 小さな生物を見る方法 (p.23)

1 けんび鏡について、□にあてはまる言葉を、下の□から選んでかきましょう。[実験]

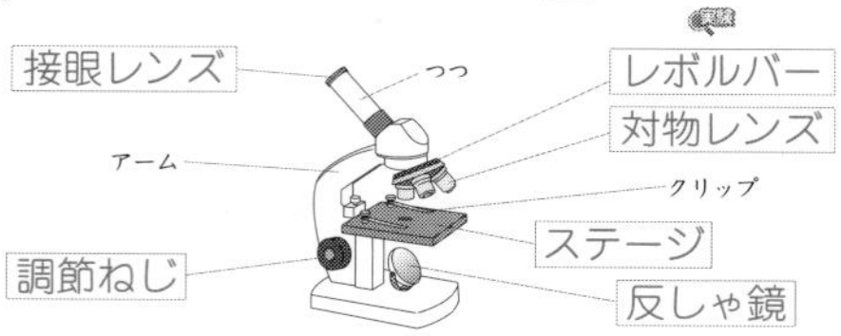

接眼レンズ
つつ
レボルバー
対物レンズ
アーム
クリップ
ステージ
調節ねじ
反しゃ鏡

反しゃ鏡　調節ねじ　ステージ　接眼レンズ　対物レンズ　レボルバー

2 対物レンズとプレパラートの関係について、次の( )にあてはまる言葉をかきましょう。[実験]

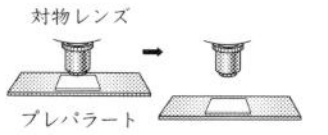

対物レンズ
プレパラート

・けんび鏡を横から見ながら調節ねじを回して、対物レンズと(プレパラート)をすれすれまで近づける。
・調節ねじを少しずつ回して、(対物レンズ)からプレパラートをはなしていき、ピントを合わせる。

3 けんび鏡の使い方について、次の□にあてはまる言葉をかきましょう。

(1) 目をいためるので、□□が直接当たるところでは、使わない。
(2) 対物レンズの□□をいちばん低いものにしてから、明るく見えるようにする。

(1) 日光
(2) 倍率

[だいじなまとめ] プレパラートをステージに置き、クリップで留める。横から見ながら(調節ねじ)を回し、プレパラートと(対物レンズ)をすれすれまで近づけた後、接眼レンズをのぞきながらピントを合わせる。

考え方 **3** 対物レンズは、はじめはいちばん低い倍率のものにする。

22 空気を通した生物のつながり (p.24)

1 下の図のように、植物と空気の関係を調べました。{ }にあてはまる言葉を選んで、○で囲みましょう。

よく晴れた日の朝、植物の葉にふくろをかぶせ、息を数回ふきこむ。ふくろの中の酸素と二酸化炭素の割合を気体検知管で調べる。(結果1)

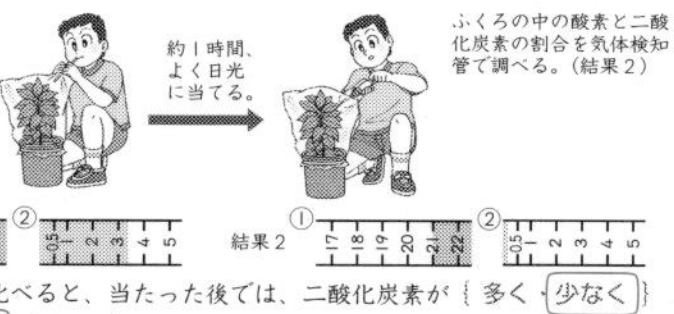

約1時間、よく日光に当てる。
ふくろの中の酸素と二酸化炭素の割合を気体検知管で調べる。(結果2)
結果1
結果2

(1) 日光が当たる前と比べると、当たった後では、二酸化炭素が{多く・[少なく]}なり、酸素が{[多く]・少なく}なった。
(2) 植物に日光が当たると{酸素・[二酸化炭素]}が減り、{[酸素]・二酸化炭素}が増える。

2 次の文の( )にあてはまる言葉を、「酸素」、「二酸化炭素」から選んでかきましょう。

植物も動物も、呼吸で空気中の(酸素)を取り入れ、(二酸化炭素)を出す。植物は、日光が当たると(二酸化炭素)を取り入れ、(酸素)を出す。
このように、生物は、空気を通して、周りの環境やほかの生物とつながっている。

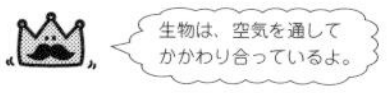

生物は、空気を通してかかわり合っているよ。

[だいじなまとめ] 動物と植物は、空気を通してつながっている。動物と植物は(呼吸)で空気中の(酸素)を取り入れ、二酸化炭素を出す。植物は、日光が当たると(二酸化炭素)を取り入れ、酸素を出す。

考え方 **2** 植物は、動物と同じように呼吸をして、酸素を吸収し二酸化炭素を出すが、葉に日光が当たると、二酸化炭素を吸収し酸素を出すはたらきのほうがさかんになる。

23 生物と水 (p.25)

1 次の( )にあてはまる言葉を下の□から選んでかきましょう。

植物は、根から取り入れた水を体全体に行きわたらせる。この水が不足すると、植物は(しおれる)。
魚にとっては、海や川など水の中が(すみか)となっている。
ヒトは、水を洗たくやふろなど(生活)にも使っている。

しおれる　成長する　生活　すみか　運動

2 植物と水の関係を調べるために、同じくらいの大きさに育ったホウレンソウを土や肥料の入ったはちに植えかえ、1つには水をあたえ、もう一方には水をあたえませんでした。次の( )にあてはまる記号や言葉をかきましょう。[実験]

(1) 水をあたえなかったホウレンソウは、(ア)である。
(2) 水をあたえなかったホウレンソウは、(水分)が少なくなり、しおれて重さも(軽く)なる。

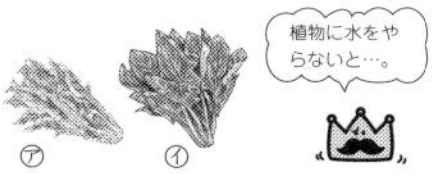

㋐
㋑
植物に水をやらないと…。

3 次の文で正しいものには○、まちがっているものには×をつけましょう。

(1) 植物は、おもに葉からの蒸散によって水蒸気を出している。
(2) 魚やカニにとって、水はすみかにもなっている。
(3) 植物は、おもにくきから水を取り入れる。
(4) 水は、植物や動物の体を出たり入ったりしている。

(1) ○
(2) ○
(3) ×
(4) ○

[だいじなまとめ] ヒトやほかの動物、(植物)の体を、水が出たり入ったりしている。生物が生きていくのに水は{[欠かせない]・必要ない}。

考え方 **1** 生物にとって、生きていくために水は必要である。生物は、水を飲んだり、すみかとして使ったりするが、ヒトは、洗たくやふろなど生活にもたくさんの水を使う。

24 まとめのテスト1 (p.26)

1 下の図を見て、( )にあてはまる記号を、下の□から選んでかきましょう。(同じ記号をくり返して使ってもよいです。)

① (ア) ② (ウ)
③ (ウ) ④ (ア)
⑤ (ウ) ⑥ (ア)
⑦ (ウ) ⑧ (ア)

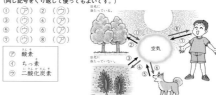

㋐ 酸素
㋑ ちっ素
㋒ 二酸化炭素

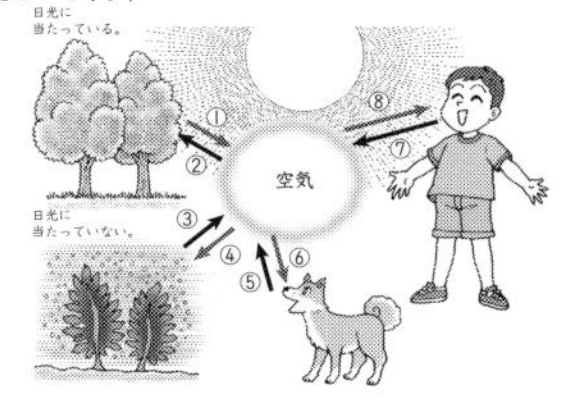

日光に当たっている。
日光に当たっていない。
空気

2 次の( )にあてはまる言葉をかきましょう。

植物は、(日光)が当たると自分で(でんぷん)などの養分をつくる。
ヒトや動物は、自分で養分をつくることが(できない)ので、ほかの動物や(植物)を食べて養分をとる。かれた植物もミミズやダンゴムシの食べ物になる。
このように、動物や植物は、食べる・(食べられる)という関係でつながっている。このつながりを(食物れんさ)という。

3 次の( )にあてはまる言葉を、下の□から選んでかきましょう。

動物や植物は、(呼吸)をし、酸素を取り入れ、(二酸化炭素)を出す。また、植物の葉に日光が当たると、植物は二酸化炭素を取り入れ、(酸素)を出す。
このように、生物は空気を通して、周りの環境やほかの生物とかかわり合っている。

酸素　二酸化炭素　ちっ素　呼吸

考え方 **1** 動物や植物は、呼吸によって酸素を取り入れ二酸化炭素を出す。**2** 食べ物のもとをたどっていくと、自らでんぷんなどの養分をつくり出す植物に行きつく。

右上につづく

25 まとめのテスト2 (p.27)

1 けんび鏡について、次の問いに答えましょう。

(1) 次の部分は右の図のけんび鏡の㋐～㋒のどこですか。

調節ねじ　（㋒）
レボルバー　（㋑）
接眼レンズ　（㋐）

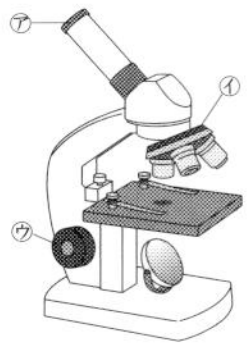

(2) けんび鏡の使い方で、正しい順に番号をつけましょう。

（3）横から見ながら、対物レンズとプレパラートをすれすれまで近づける。
（1）反しゃ鏡を動かして、明るく見えるようにする。
（2）プレパラートをステージに置き、クリップで留める。
（4）接眼レンズをのぞきながら、調節ねじを回して、ピントを合わせる。

(3) けんび鏡について、正しいものには○、まちがっているものには×をつけましょう。

（○）けんび鏡の倍率は、接眼レンズの倍率×対物レンズの倍率である。
（×）けんび鏡は、日光が直接当たるところで使う。

2 池や川などの水中には、メダカなどの魚のほかに、小さな生物がたくさんいます。次の①～④の生物の名前を、下の□から選んで記号をかきましょう。

①（㋑）　②（㋓）　③（㋐）　④（㋒）

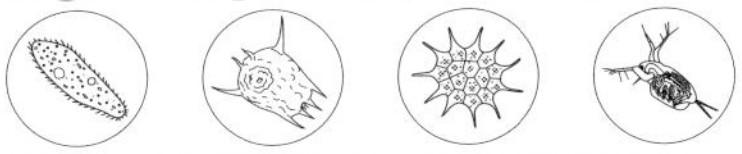

㋐クンショウモ　㋑ゾウリムシ　㋒ミジンコ　㋓ツボワムシ

考え方 **1** 初めは対物レンズを最も低い倍率にして、見るものが真ん中になるように置く。

26 月の形の見え方 (p.28)

1 ボールを月、電灯を太陽に見たてた下の図を見て、｛ ｝にあてはまる言葉を選んで○で囲み、（ ）にあてはまる番号をかきましょう。

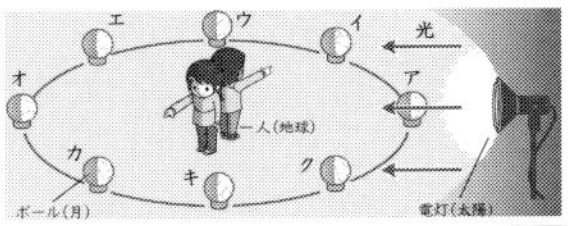

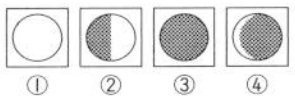

月の形の見え方が日によって変わるのは｛月・[太陽]｝からの光が当たっている部分が変わるためである。オの位置にボールがあるときは、（①）のように見える。アの位置にあるときは、人からボールの明るい部分が見えないので、（③）のように見える。また、クの位置にあるときは、電灯のある側が明るくなるので、（④）のように見える。

2 図のように月が見えるとき、太陽はどの方位にあるでしょうか。

①のとき　（西）
②のとき　（西）
③のとき　（東）

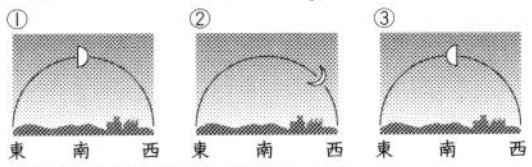

3 次の文で正しいものには○、まちがっているものには×をつけましょう。

(1) 月が見えるのは夜だけで、昼に見えることはない。
(2) 月の形の見え方が変わるのは、月自身がその形を変えているためである。
(3) 月の形の見え方は、毎日少しずつ変わり、約1か月でもとの形にもどる。
(4) 日によって月の形の見え方が変わるのは、月と太陽の位置関係が変わるためである。

(1) ×
(2) ×
(3) ○
(4) ○

だいじなまとめ 月の形の見え方が日によって変わるのは、月と（太陽）の（位置関係）が変わるためである。月の形の見え方は、約1か月でもとの形にもどる。

考え方 **1** 月の形の見え方は、太陽との位置関係による。太陽のある側が光って見える。**2** 月の光っている側に太陽があることから、太陽の方位がわかる。

27 太陽と月のちがい (p.29)

1 下の図を見て、（ ）にあてはまる言葉を下の□から選んでかきましょう。

月の表面は岩石や砂などでできていて、（クレーター）というくぼみが見られる。そして、月自体が光を出しているのではなく、（太陽）の光を反射している。
太陽は、表面からたえず強い光を出している。

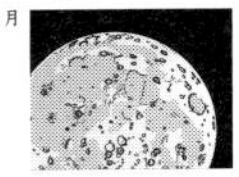

クレーター　太陽　地球

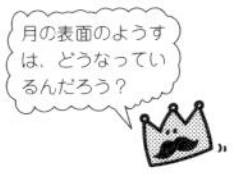

2 月と太陽を比べた、次の文の（ ）にあてはまる言葉をかきましょう。

(1) （太陽）は、非常に大きく、たえず強い光を出している。
(2) （月）自体は、光を出さないで、太陽の光を反射している。
(3) 月には、（クレーター）という円形のくぼみがある。

3 次の文で、正しいものには○、まちがっているものには×をつけましょう。

(1) 月は、たえず自ら光を出してかがやいている。
(2) 月は、太陽の光を反射して光って見える。
(3) 月は、砂や岩石でおおわれ、クレーターがある。
(4) 月の形の見え方が変わるのは、太陽の明るさが変わるからである。

(1) ×
(2) ○
(3) ○
(4) ×

だいじなまとめ 月の表面は岩石や砂などでおおわれ、クレーターというくぼみがある。月は、（太陽）の光を（反射）して光って見える。

考え方 **2** (2)月が光って見えるのは、太陽の光を反射しているからである。**3** (4)月の形の見え方が変わるのは、太陽と月の位置関係が変わるからである。

28 まとめのテスト (p.30)

1 次の（ ）にあてはまる言葉をかきましょう。

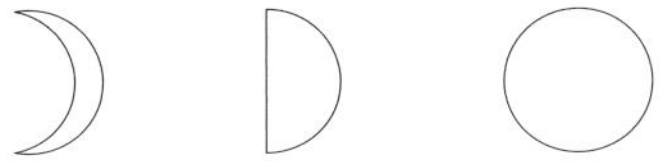

満月や三日月など月の見え方は、日によって変わる。月の形の見え方が変わるのは、月と（太陽）の（位置）関係が変わるからである。

2 次の（ ）にあてはまる言葉を下の□から選んでかきましょう。

月の表面は、（岩石）や砂でおおわれていて、（クレーター）という丸いくぼみが見られる。月自体は光を出さず、太陽の光を（反射）して明るく見える。
太陽は、表面からたえず強い（光）を出している。

岩石　森林　クレーター　光　反射　吸収

3 ボールを月、電灯を太陽に見たてた下の図を見て、次の問いに答えましょう。

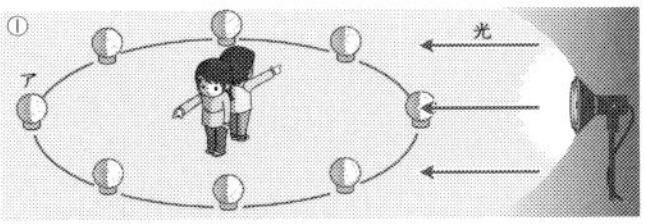

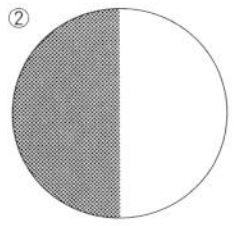

(1) 図①のアの位置に月があるとき、何という月の形になりますか。　（満月）
(2) 図②の月が南に見えるとき、太陽はどの方位にありますか。　（西）
(3) 図②のように見える月を何といいますか。　（半月）（上弦の月）

考え方 **3** (2)②の形の月は、図の右側(西)から光が当たっているので、太陽は西にある。

右上につづく

29 地層(ち そう) (p.31)

❶ 右の図を見て、（　）にあてはまる言葉を下の□からえらんでかきましょう。

地層の観察をすると地層がどのようにしてできたかがわかる。れき(石)・砂・（どろ）などがふくまれている地層は、流れる（水）のはたらきによってできている。地層には、化石がふくまれていることもある。

空気　水　どろ

❷ 右の図のように、水をためた水そうにれき・砂・どろを混ぜた土と水を流し、地層ができるようすを調べました。次の（　）にあてはまる番号や言葉をかきましょう。

(1) しばらくおいた後の水そうの中のようすは次のうちどれですか。　　（③）

(2) 流れる水のはたらきによって運ばんされたれき・砂・どろは、つぶの（大き）さによって分かれて、水底にたい積する。

❸ 次の文で、正しいものには○、まちがっているものには×をつけましょう。

(1) 地層は、どこも同じで、砂だけが積み重なってきている。　　(1)　×
(2) 地層は、横に広がりおくのほうにも続いている。　　(2)　○
(3) 地層は、れき(石)・砂・どろ、火山灰などが積み重なってきている。　　(3)　○

> だいじなまとめ がけなどで、れき(石)・（砂）・（どろ）、火山灰などが積み重なって、しま模様の層になっていることがある。このような層を（地層）という。ここから、（化石）が見つかることがある。

考え方 ❶地層にれき・砂(すな)・どろがふくまれていることから、水のはたらきでできたと考えられる。❷流された土は、水の中でれき、砂、どろの順に積もる。

30 岩石になった地層 (p.32)

❶ 下の岩石は、でい岩、砂岩、れき岩のどれですか。□に名前をかきましょう。

㋐砂岩　㋑でい岩　㋒れき岩

㋐は、同じような大きさの砂(すな)のつぶが固まってできている。
㋑は、細かいどろのつぶが固まってできている。
㋒は、れきが砂などと混じり、固まってできている。

❷ 下の図は、何という生物の化石(か せき)ですか。□にあてはまる言葉を下の□から選んでかきましょう。

アンモナイト

約1cm

ブナ アンモナイト ビカリア サンゴ

❸ 次の（　）にあてはまる言葉を下の□から選んでかきましょう。

(1) ヒマラヤ山脈のような高いところでも、海の生物の化石が見られる。
それは、大昔、その辺りが（水底）だったからで、長い年月の間に（おし上げられ）、現在のようになった。
(2) 砂岩…砂よりも細かいつぶである（どろ）が固まってできている。
れき岩…同じような大きさの（砂）が固まってできている。
れき岩…（れき）が砂などと混じり、固まってできている。

住居あと　水底　おし上げられ　下がってきて 赤土　砂　どろ　化石　れき

> だいじなまとめ たい積したれき・砂・どろなどが、長い年月の間に固まると、（れき岩）・砂岩・（でい岩）などの岩石になる。

考え方 ❶たい積したれき・砂(すな)・どろが、長い年月の間に固まると岩石になる。❷貝やアンモナイトなどの化石が見つかると、昔、そこが水の底であったことがわかる。

31 火山灰(か ざん ばい) (p.33)

❶ 次の文の（　）にあてはまる言葉をかきましょう。
流れる水のない場所でも、火山の噴火で出された（火山灰）などが降り積もり、地層をつくる。

❷ 下の図は、水で洗った火山灰と砂のつぶを、そう眼実体けんび鏡で観察したものです。（　）にあてはまる言葉を、下の□から選んでかきましょう。

火山灰のつぶ　約0.5mm　　砂のつぶ　約0.5mm

(1) 火山灰のつぶは（角ばったもの）が多い。
(2) とうめいなガラスのかけらのようなものがあるのは、（火山灰）のほうである。

角ばったもの　丸いもの　砂　火山灰

❸ 次の文で、正しいものには○、まちがっているものには×をつけましょう。

(1) 地層には、火山の噴火で出された火山灰が降り積もってきたものがある。　　(1)　○
(2) 火山灰は、流れる水のない場所でも降り積もり、地層をつくる。　　(2)　○
(3) 火山灰は、火山のごく近くにしか降り積もらない。　　(3)　×
(4) 火山灰には、角の取れた丸いつぶが多い。　　(4)　×

> だいじなまとめ 地層には、（火山）の噴火で出された〔砂　火山灰〕が降り積もったものがある。そのつぶを水で洗って観察すると、〔角ばった　丸い〕ものが多い。

考え方 ❷火山灰のつぶは、流れる水のはたらきを受けずに降り積もるため、丸み(すな)を帯びていない。❸地層には、流れる水のはたらきでできた層(そう)と、火山灰が降り積もった層がある。

32 大地のつくり (p.34)

❶ 学校の理科室に、下の図のような地層をほり取ったものがありました。これは何といいますか。カタカナ5文字で□に言葉をかきましょう。

ボーリング試料

❷ 次の文の（　）にあてはまる言葉を、下の□からそれぞれ選んでかきましょう。

(1) 陸上に現れた地層(ち そう)は、①のはたらきで、けずられていく。けずられた土は、①のはたらきによって②、水底に③、また地層ができる。
　(1)① 流れる水
　　　② 運ばれ
　　　③ 積もって

火山灰　流れる水　積もって　運ばれ　けずられ

(2) 土地のいくつかの場所で、①の土や岩石をほり取ることを、ボーリングという。ほり取った試料で地下のようすを知ることができ、試料には、ほり取った場所・年月日・②・③などがかいてある。
　(2)① 地下
　　　② 岩石の名前
　　　③ 深さ

地下　岩石の名前　深さ

ボーリングは、地層が見えない地下のようすを調べるのに役立つよ。

> だいじなまとめ ボーリングで、その土地の（地下）の土や岩石をほり取って調べることができる。

考え方 ❷流れる水のはたらき(しん食・運ぱん・たい積)で水底に地層ができる。その後、長い年月の間におし上げられ、地層が陸上に現れることがある。

右上につづく➡

33 地震・火山による大地の変化と災害 (p.35)

1 右の図を見て、( )にあてはまる言葉をかきましょう。

図のような大地のずれを(断層)といい、このずれが生じるとき、(地震)が起こる。
このとき、地割れができるなど、大地が変化することがある。

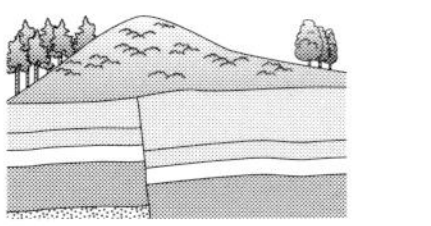

2 地震が起きたとき、発生することがある災害を、下の［ ］から4つ選んで( )に記号でかきましょう。

(㋐) (㋑) (㋔) (㋕)

㋐火災 ㋑建物や道路がこわれる ㋒落雷 ㋓大雨
㋔津波 ㋕山くずれ ㋖たつまき ㋗台風

3 下の噴火した火山の図の［ ］にあてはまる言葉を、下の［ ］から選んでかきましょう。

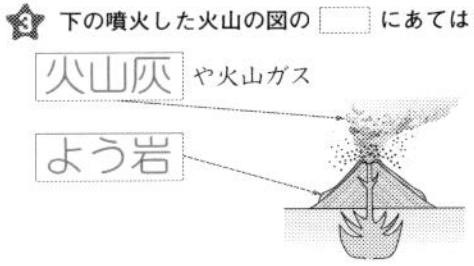

火山ガスには、りゅう化水素(危険なガス)がふくまれていて、卵がくさったようなにおいがするよ。

水よう液 火山灰 よう岩 入道雲

だいじなまとめ (地震)は、大地が動いたときのゆれである。地震によって、大地が{変化することはない・変化することがある}。火山が(噴火)すると、火口から火山灰などがふき出たり、よう岩が流れ出る。

考え方 1 断層が生じるとき、地震が起こり、地割れが生じるなど、大地が変化することがある。3 火山から火山灰などがふき出すことを噴火という。

34 まとめのテスト1 (p.36)

1 化石のできる順に番号をつけましょう。

(2)

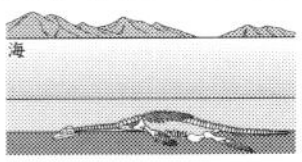

(4)

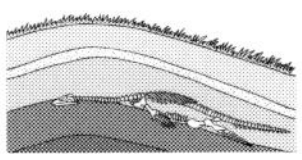

(3)

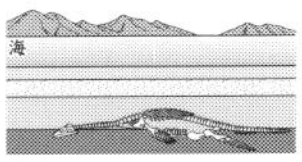

(1)

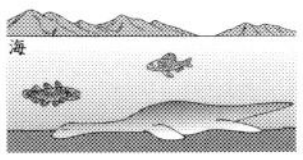

2 ペットボトルにれき・砂・どろと水を入れてふりました。しばらくおいた後のようすとして正しいものに○をつけましょう。

( ) (○) ( )

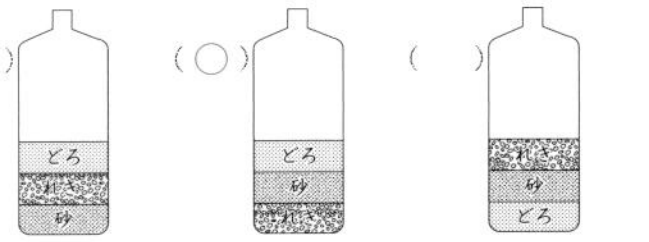

3 地層を調べていると貝の化石が出てきました。次の問いに答えましょう。

(1) ㋐の層が固まってできる岩石を何といいますか。 (砂岩)

(2) ㋑の層が固まってできる岩石を何といいますか。 (れき岩)

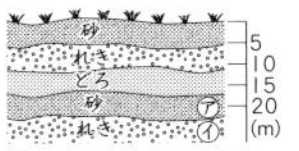

(3) この層が水平に広がっているとすると、近くの土地をボーリングで調べたとき、深さ3m、15mのボーリング試料には、れき・砂・どろのどれが入ると予想されますか。 3m(砂) 15m(どろ)

考え方 1 化石ができるには、死んだ生物の上に地層がたい積する必要がある。地層がたい積しなかったものは、化石として残りにくい。

35 まとめのテスト2 (p.37)

1 下の図は、火山が噴火したときのようすです。次の問いに答えましょう。また、あてはまるものに○をつけましょう。

(1) 流れ出ているⒶは何ですか。 (よう岩)

(2) 噴き出しているⒷには、火山ガスの他に何がふくまれますか。 (火山灰)

(3) 火山活動によって起きることがある自然の変化について、あてはまるもの2つに○をつけましょう。

( )雨が降る。
(○)島や山ができる。
(○)くぼ地や湖ができる。

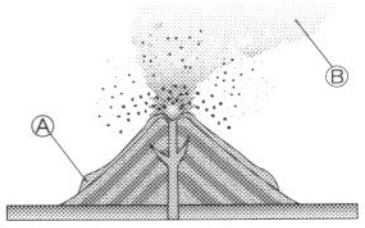

2 下の図を見て、次の問いに答えましょう。

(1) このような大地のずれを何といいますか。 (断層)

(2) ずれる前に、Aと続いていた地層は、㋐〜㋔のうち、どれですか。 (㋓)

(3) このようなずれが生じるとき、何が起こりますか。 (地震)

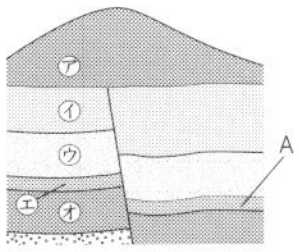

3 次の文の( )にあてはまる言葉を下の［ ］の中から選んでかきましょう。

(1) 火山が噴火すると、(よう岩)が流れ出たり、広いはんいに(火山灰)が降り積もったりして、大地のようすが変わったり、人々の生活に大きなえいきょうをあたえたりする。

(2) 地震が起こると、(山くずれ)や(地割れ)などが生じ、大地のようすが変わったり、人々の生活に大きなえいきょうをあたえたりする。

水 よう岩 火山灰 雨 雪 山くずれ たつまき 地割れ

考え方 1 火山が噴火すると、高温のよう岩が流れ出る。また、火山活動によって、大地のようすが大きく変化することもある。

36 実験の準備・実験をするとき (p.38)

1 下の図の実験器具などの名前を、下の［ ］から選んでかきましょう。

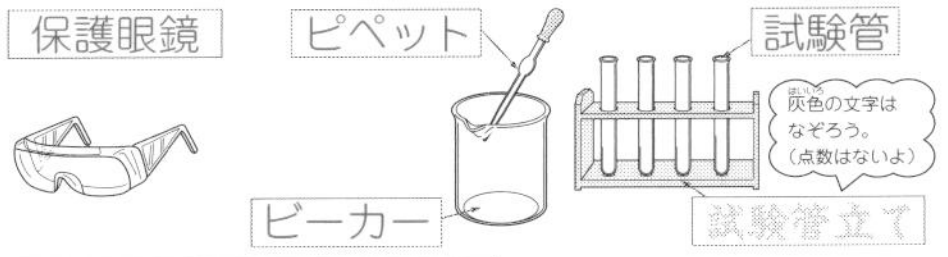

灰色の文字はなぞろう。(点数はないよ)

ピペット 試験管 保護眼鏡 ビーカー

2 下の図や文で正しいほうに○をつけましょう。

①液を取り出したり加えたりする場合

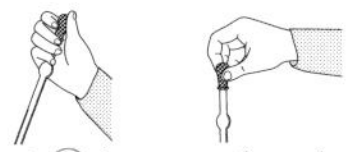

(○) ( )

②薬品のにおいをかぐ場合
( )鼻を直接近づけて確かめる。
(○)鼻を直接近づけず、手であおいで確かめる。

3 次の文で、正しいものには○、まちがっているものには×をつけましょう。

(1) 器具や薬品はあつかいやすいように机のはしに置く。 (1) ×
(2) 目に薬品が入らないように保護眼鏡をかけることが望ましい。 (2) ○
(3) ビーカーや試験管には容器いっぱいに薬品を入れる。 (3) ×
(4) 使い終わった水よう液は、決められた容器に集める。 (4) ○
(5) 気体が出てくる実験では、かん気をする。 (5) ○

だいじなまとめ 安全に実験できるように、薬品や器具を使うときは、{正しく・急いで}使うことが大切である。(保護眼鏡)をかけると薬品が目に入るのを防ぐことができる。

考え方 3 (1)器具や薬品は、机の中央に置き、実験に使わないものは、机の上に出さない。

右上につづく

37 水よう液の仲間分け (p.39)

1 水よう液をリトマス紙で仲間分けしました。下の［　］にあてはまる言葉をかきましょう。

青色のリトマス紙が赤色に変化する。	どちらのリトマス紙も変化しない。	赤色のリトマス紙が青色に変化する。
［酸］性	［中］性	［アルカリ］性

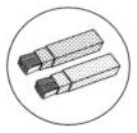

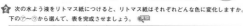

2 次の水よう液をリトマス紙につけると、リトマス紙はそれぞれどんな色に変化しますか。下の㋐〜㋒から選んで、表を完成させましょう。

	うすい塩酸	食塩水	うすい水酸化ナトリウム水よう液	炭酸水	重そう水
青色のリトマス紙	㋐	㋑	㋑	㋐	㋑
赤色のリトマス紙	㋑	㋑	㋒	㋑	㋒

㋐赤色に変化する。　㋑変化しない。　㋒青色に変化する。

3 （　）にあてはまる言葉を下の［　］から選んで、かきましょう。
(1) うすい塩酸を蒸発（じょうはつ）させると、（何も残らない）。食塩水を蒸発させると、（白い固体が残る）。
(2) （うすい塩酸）は、つんとしたにおいがする。
(3) 水よう液にムラサキキャベツの葉のしるを加えると、（色）の変化で、酸性・中性・アルカリ性の性質を調べられる。

［におい　色　温度
何も残らない　白い固体が残る　炭酸水　うすい塩酸］

だいじなまとめ 水よう液は、リトマス紙などの色の変化で、（酸性）・（中性）・（アルカリ性）に仲間分けできる。また、ムラサキキャベツの葉のしるで調べることもできる。

考え方 **1** 水よう液は、リトマス紙につけたときの色の変化のちがいで、酸性（さんせい）・中性（ちゅうせい）・アルカリ性（せい）の3つに分けることができる。

38 炭酸水にとけているもの (p.40)

1 炭酸水から出る気体の名前を［　］にかきましょう。

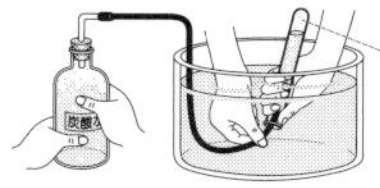

気体の名前［二酸化炭素］

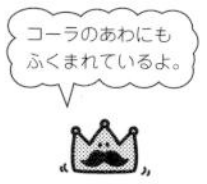
コーラのあわにもふくまれているよ。

2 次の問いに答えましょう。
(1) 水と二酸化炭素（にさんかたんそ）を入れたペットボトルをふると、どうなりますか。次の中から番号で答えましょう。　（①）
①ペットボトルがへこむ。②変わらない。③ペットボトルがふくらむ。
(2) この実験で、二酸化炭素は水にとけるといえますか。　（いえる。）

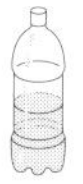

3 炭酸水から出る気体が何かを調べる実験をしました。次の問いで、正しいものを選んで、㋐〜㋒の記号で答えましょう。
(1) この気体を試験管に集めて、石灰水（せっかいすい）を入れるとどうなりますか。
㋐白くにごる。㋑変わらない。㋒あわが出る。
(2) この気体を試験管に集めて、火をつけたせんこうを入れるとどうなりますか。
㋐ほのおを出して燃える。㋑変わらない。㋒火が消える。
(3) 上の実験から、この気体は何だと考えられますか。
㋐酸素（さんそ）　㋑二酸化炭素　㋒空気
(4) 炭酸水に赤色のリトマス紙をつけると何色に変わりますか。
㋐青色　㋑変化しない　㋒白色

(1) ㋐
(2) ㋒
(3) ㋑
(4) ㋑

だいじなまとめ （炭酸水）は、気体である（二酸化炭素）が水にとけた水よう液である。

考え方 **1** 炭酸水は二酸化炭素（にさんかたんそ）（気体）が水にとけたもので、水を蒸発（じょうはつ）させると何も残らない。
3 (1)二酸化炭素は、石灰水（せっかいすい）を白くにごらせる。

39 金属を水よう液にとかす (p.41)

1 アルミニウムを入れた試験管に、うすい塩酸を加えました。（　）にあてはまる言葉を下の［　］から選んでかきましょう。
うすい塩酸を加えると、さかんに（あわ）が出てくる。そのとき試験管の外側をさわると（あたたかく）なっている。しばらくすると、アルミニウムは（とけて）見えなくなる。

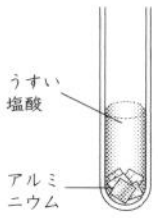
うすい塩酸
アルミニウム

［あわ　液体　冷たく　あたたかく　白いものが残って　とけて］

2 下の図のように、鉄とアルミニウムを別々の試験管に入れ、それぞれにうすい塩酸、うすい水酸化ナトリウム水よう液、食塩水を加えました。次の問いに答えましょう。

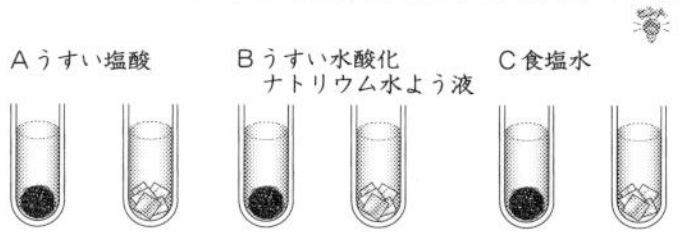
Aうすい塩酸
Bうすい水酸化ナトリウム水よう液
C食塩水

下の表に、金属がとける場合は○、とけない場合は×をかきましょう。

	水よう液	鉄	アルミニウム
A	うすい塩酸	○	○
B	うすい水酸化ナトリウム水よう液	×	○
C	食塩水	×	×

だいじなまとめ うすい水酸化ナトリウム水よう液はアルミニウムを｛[とかす]・とかさない｝。（塩酸）はアルミニウムも鉄も｛[とかす]・とかさない｝。

考え方 **2** 水よう液には、金属をとかすものがある。

40 塩酸にとけたものを取り出す (p.42)

1 うすい塩酸に鉄をとかした液を蒸発皿（じょうはつざら）で加熱しました。（　）にあてはまる言葉を下の［　］から選んでかきましょう。
水を蒸発させると、（黄色い）粉が残った。残ったものに、うすい塩酸を加えると、（とけた）。

［黄色い　白い　とけた　とけなかった］

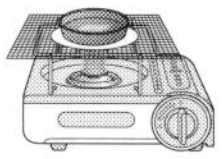

2 うすい塩酸にアルミニウムをとかした液を、蒸発皿で加熱して残ったものと、もとのアルミニウムを比べました。下の表に、あわを出してとける場合は○、あわを出さずにとける場合は△、とけない場合は×をかきましょう。

灰色の文字はなぞろう。（点数はないよ。）

	色	うすい塩酸を加えると
蒸発皿に残ったもの	白色	△
もとの金属（アルミニウム）	銀色	○

3 うすい塩酸に鉄をとかした液があります。次の問いで、正しいものを選んで、記号をかきましょう。
(1) この液を蒸発皿に入れて加熱しました。水が蒸発した後には、何色の粉が残りますか。
㋐銀色の粉　㋑黄色の粉　㋒白色の粉
(2) 残った粉に磁石（じしゃく）を近づけるとどうなりますか。
㋐引きつけられる。㋑引きつけられない。
(3) 加熱するときの注意点として、正しいのはどちらですか。
㋐加熱する液は蒸発皿を加熱してから入れる。
㋑加熱中に蒸発皿をのぞきこまない。

(1) ㋑
(2) ㋑
(3) ㋑

だいじなまとめ うすい塩酸に（鉄）やアルミニウムをとかした液体を蒸発させて出てくる固体は、もとの金属から｛[別のものに変化している]・何も変化しない｝。

考え方 **3** 蒸発皿（じょうはつざら）に残ったものは、塩酸を加えるととけるがあわは出ないこと、磁石（じしゃく）に引きつけられないことなどから、鉄とはちがった別のものであることがわかる。

右上につづく

41 まとめのテスト1 (p. 43)

1 試験管にうすい塩酸、うすい水酸化ナトリウム水よう液、食塩水が入っています。それぞれの試験管にどの水よう液が入っているか調べます。次の問いに答えましょう。 [実験]

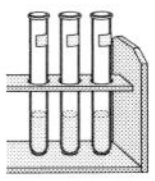

(1) 鉄(スチールウール)を入れると見分けることができるのは、どの水よう液ですか。 (うすい塩酸)

(2) (1)で見分けることができるのはなぜですか。正しいものに○をつけましょう。
(◯)あわが出てとけるから。 ( )何の反応もないから。
( )液が真っ黒になるから。

(3) (1)の水よう液以外で、アルミニウムを入れるととけるのはどの水よう液ですか。
(うすい水酸化ナトリウム水よう液)

(4) リトマス紙に水よう液をつけると、下の表のようになりました。㋐、㋑、㋒はそれぞれどの液ですか。( )にかきましょう。

液	赤色のリトマス紙	青色のリトマス紙
㋐(食塩水)	変化なし。	変化なし。
㋑(うすい塩酸)	変化なし。	赤色に変わる。
㋒(うすい水酸化ナトリウム水よう液)	青色に変わる。	変化なし。

(5) (4)の㋑のように、青色のリトマス紙を変化させる水よう液はどれですか。正しいものに○をつけましょう。
( )さとう水 (◯)炭酸水 ( )アンモニア水

2 次の( )にあてはまる言葉をかきましょう。
炭酸水は、(① 二酸化炭素)が水にとけた水よう液である。炭酸水を観察すると、水よう液から①の(② あわ(気体))が出ているのが見られる。

3 次のうち、水よう液の酸性・中性・アルカリ性を調べることができるものに○、できないものに×をつけましょう。 [実験]
(◯)ムラサキキャベツの葉のしる
(×)石灰水 (×)ヨウ素液

考え方 **1** (1)〜(3)うすい水酸化ナトリウム水よう液に、鉄はとけないが、アルミニウムは、あわを出してとける。**3** 石灰水では二酸化炭素、ヨウ素液ではデンプンを調べる。

42 まとめのテスト2 (p. 44)

1 下の図のように、半分だけ水を入れたペットボトルに二酸化炭素を入れてふりました。次の問いの正しいものに○をつけましょう。 [実験]

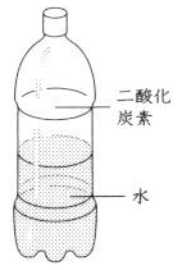

二酸化炭素
水

(1) ペットボトルはどうなりますか。
( )二酸化炭素が増えて、ペットボトルがふくらむ。
(◯)二酸化炭素が水にとけて、ペットボトルがへこむ。
( )何も変化しない。

(2) この液を青色のリトマス紙につけるとどうなりますか。
(◯)赤色に変わる。 ( )変化なし。

(3) この液は酸性・中性・アルカリ性のどれですか。
(◯)酸性 ( )中性 ( )アルカリ性

(4) この液をスライドガラスにつけて水を蒸発させるとどうなりますか。
( )白色の粉が残る。 (◯)何も残らない。 ( )黄色の粉が残る。

2 食塩水・炭酸水・うすい塩酸について、次の問いに答えましょう。

(1) スライドガラスにつけて蒸発させると、何も残らないものはどれとどれですか。
(炭酸水)(うすい塩酸)

(2) スライドガラスにつけて蒸発させると、白色の粉が残るものはどれですか。
(食塩水)

(3) 青色のリトマス紙を赤色に変えるものはどれとどれですか。
(炭酸水)(うすい塩酸)

(4) 赤色・青色両方のリトマス紙の色を変えないものはどれですか。
(食塩水)

3 実験に関する次の文で、正しいものには○、まちがっているものには×をつけましょう。

(×)薬品のにおいをかぐときは、鼻を直接近づけて確かめる。
(◯)保護眼鏡をかけて、目に薬品が入らないようにする。

考え方 **1** 二酸化炭素は水にとけ、その水よう液を炭酸水とよぶ。炭酸水は酸性である。
2 炭酸水・うすい塩酸は酸性、食塩水は中性である。

43 棒を使ったてこ (p. 45)

1 てこの力点・支点・作用点に関する下の図の、□にあてはまる言葉をかきましょう。

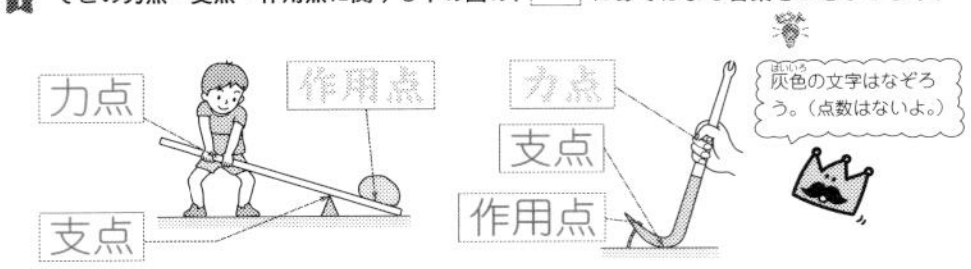

力点
作用点
支点
力点
支点
作用点
灰色の文字はなぞろう。(点数はないよ。)

2 下のてこの図の、□にあてはまる言葉をかきましょう。また、ものを持ち上げるために、棒をおす力が小さな力ですむ場所をⒶ、Ⓑのうちから選んで、( )に○をつけましょう。

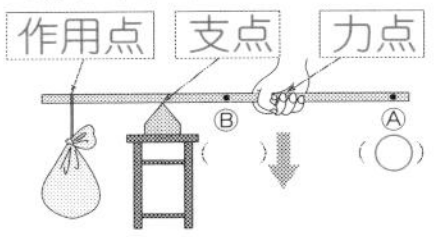

作用点
支点
力点
Ⓑ
Ⓐ
( )
(◯)

3 次の問いに答えましょう。

(1) てこを支えている点を何といいますか。 (1) 支点

(2) 力点とは、てこに何を加えるところですか。 (2) 力

(3) てこで、ものに力がはたらくところを何といいますか。 (3) 作用点

(4) 右の図の手の位置をⒶに移動させたとき、砂ぶくろを持ち上げるのに必要な力はどうなりますか。 (4) 小さくなる。

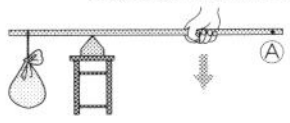

だいじなまとめ てこでは、力点を支点から{近く・[遠く]}にするほど、また、(作用点)を支点から{[近く]・遠く}にするほど、重いものを小さな力で持ち上げることができる。

考え方 **1** 支点…支えるところ、力点…力を加えるところ、作用点…力がはたらくところ。
3 力点を支点から遠くすることで、重いものをより小さな力で持ち上げることができる。

44 てこのつり合い (p. 46)

1 下の図のうち、てこが水平につり合うものに○をつけましょう。

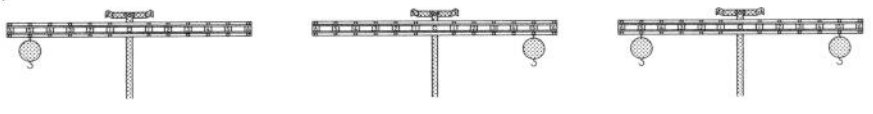

( ) ( ) (◯)

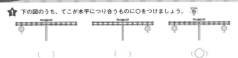

2 下の図のてこはつり合っています。□にあてはまる言葉や数をかきましょう。 [実験]

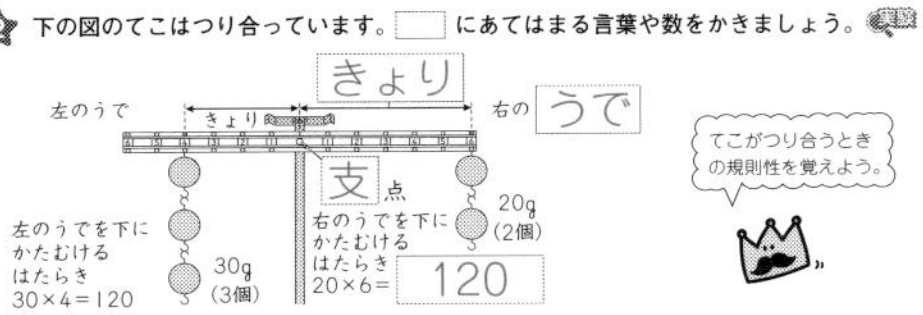

きょり
左のうで
きょり
右の うで
支 点
左のうでを下にかたむけるはたらき 30×4＝120
30g (3個)
右のうでを下にかたむけるはたらき 20×6＝ 120
20g (2個)
てこがつり合うときの規則性を覚えよう。

3 次の問いに答えましょう。 [実験]
右の図のおもりは1個10gです。てこがつり合うようにするには、㋐〜㋓の位置に、それぞれ何個のおもりをつるせばよいですか。

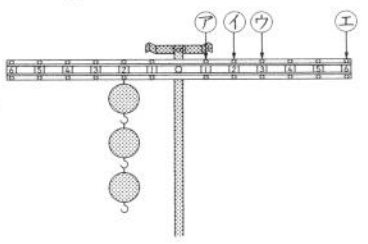

㋐㋑㋒ ㋓

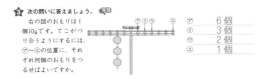

㋐ 6個
㋑ 3個
㋒ 2個
㋓ 1個

だいじなまとめ てこがつり合うとき、
左の(おもり)の重さ×左のうでの支点からのきょり(目盛り)
＝右のおもりの重さ×右のうでの支点からの(きょり)(目盛り)

考え方 **3** 左のうでを下にかたむけるはたらきは、30×2＝60。てこがつり合うには、例えばきょりが1の㋐は、60×1＝60で、おもりは6個必要。

右上につづく

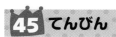

45 てんびん (p.47)

1 下の図の□にあてはまる言葉を、下の□から選んでかきましょう。

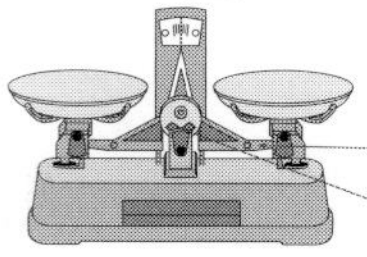

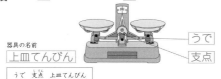

器具の名前 [上皿てんびん]

[うで] [支点]

うで 支点 上皿てんびん

2 下の図のてんびんについて、次の問いに答えましょう。

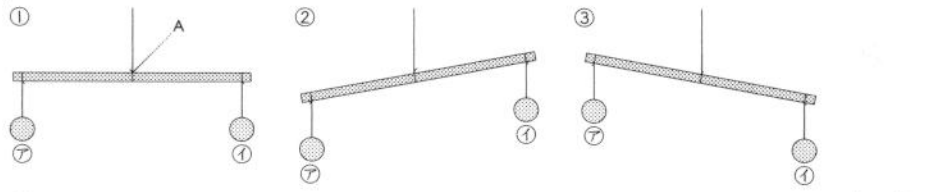

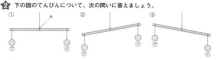

①
A
㋐
㋑
②
③

(1) Aの点を何といいますか。 （支点）
(2) ㋐と㋑の重さが等しいのは、①〜③のどれですか。 （①）
(3) ㋐よりも㋑のほうが重いのは、①〜③のどれですか。 （③）

3 次の文の□にあてはまる言葉をかきましょう。
(1) 上皿てんびんは、㋐□□から左右同じきょりのところに皿がついているため、左右の皿に同じ重さのものをのせたとき、㋑□□□□。
(2) 水平に支えられた棒の、支点から左右同じきょりのところに同じ重さのものをつるすと、棒は水平に□□□□。

(1)㋐ 支点
㋑ つり合う
(2) つり合う

だいじなまとめ 棒が（水平）になってつり合うことを利用して、ものの重さを比べたり、はかったりする道具を｛てこ・[てんびん]｝という。

考え方 2 水平に支えられた棒で、支点から左右同じきょりに同じ重さのおもりをつるすと、棒はつり合う。これを利用した道具をてんびんという。

46 てこを利用した道具 (p.48)

1 下のてこを利用した道具について、□にあてはまる言葉を、「支点」・「力点」・「作用点」から選んでかきましょう。

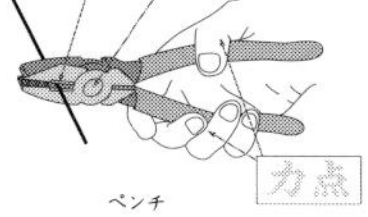

作用点
支点
力点

ペンチ

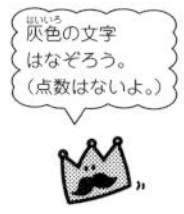

灰色の文字はなぞろう。（点数はないよ。）

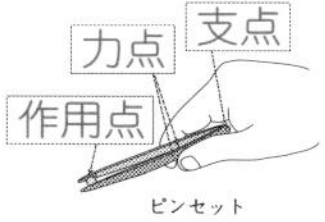

力点
支点
作用点

ピンセット

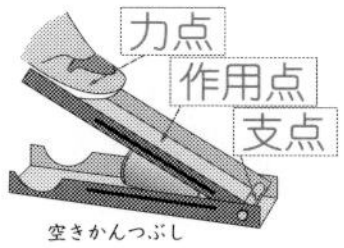

力点
作用点
支点

空きかんつぶし

2 次の問いに答えましょう。また、□にあてはまる言葉をかきましょう。
(1) ペンチは支点と□□点とのきょりを短くすると、より小さな力で作業できる。
(2) ペンチは支点と□点とのきょりを長くすると、より小さな力で作業できる。
(3) せんぬきは支点と□点とのきょりを長くすると、より小さな力で作業できる。
(4) 右の図のペンチで、より小さな力でものが切れる位置を㋐、㋑から選びましょう。

(1) 作用
(2) 力
(3) 力
(4) ㋑

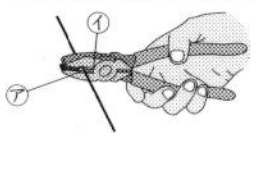

㋐
㋑

だいじなまとめ てこを利用した道具でより小さな力で作業するには、支点と力点とのきょりを｛短く・[長く]｝、（支点）と作用点とのきょりを｛[短く]・長く｝すればよい。

考え方 1 てこを利用した道具には、それぞれ支点・力点・作用点がある。てこを利用した道具には、少しの力で、ものに大きな力がはたらくようにくふうされたものが多い。

47 まとめのテスト1 (p.49)

1 次の問いに答えましょう。
(1) 図のように棒を使って、小さな力でものを動かすものを何といいますか。 （てこ）
(2) 図の㋐㋑㋒の部分を何といいますか。
㋐…棒を支えるところ （支点）
㋑…棒に力を加えるところ （力点）
㋒…ものに力がはたらくところ（作用点）

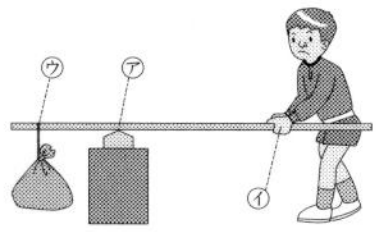

㋒
㋐
㋑

2 図のような器具を使い、左のうでの目盛り2のところに3個のおもりをつり下げました。次の問いに答えましょう。
(1) 右の図のような器具を何といいますか。
（（実験用）てこ）
(2) ㋐〜㋕の目盛りのところに、左のうでにつり下げたおもりと同じ重さのおもりをつり下げて水平につり合わせるには、それぞれ何個のおもりをつり下げればよいですか。つり合わせることができないときは×をかきましょう。
㋐（6個） ㋑（3個）
㋒（2個） ㋓（×）
㋔（×） ㋕（1個）

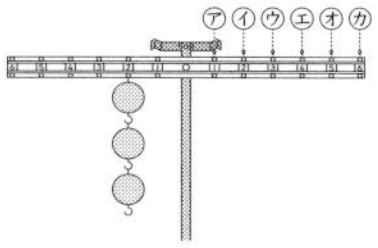

㋐㋑㋒㋓㋔㋕

(3) てこが水平につり合うとき、次の文の（ ）にあてはまる言葉をかきましょう。
左のうでのおもりの重さ×左のうでの（支点）からのきょり
＝右のうでの（おもり）の重さ×右のうでの支点からのきょり

3 右の図のはさみの支点、力点、作用点は㋐〜㋒のどこですか。（ ）に記号をかきましょう。

①支点……（㋑）
②力点……（㋒）
③作用点…（㋐）

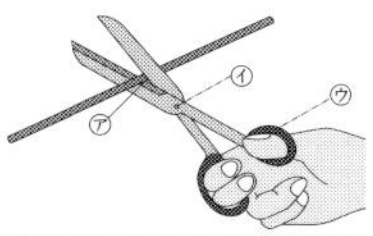

㋐
㋑
㋒

考え方 2 (2)左のうでをかたむけるはたらきは3×2＝6。てこがつり合うには、㋐6×1＝6→6個、㋑3×2＝6→3個、㋒2×3＝6→2個、㋕1×6＝6→1個。

48 まとめのテスト2 (p.50)

1 下の図のようなてこを使い、手で棒をおす位置を変えて、手ごたえを調べました。次の問いに答えましょう。
(1) 図1の㋐〜㋒の点を何といいますか。
㋐（作用点）㋑（支点）㋒（力点）
(2) ものを持ち上げるために、棒をおす力が小さな力ですむのは、図1、2のどちらですか。
（図1）
(3) 図1で、棒をおす位置をⒶにすると手ごたえはどうなりますか。正しいものに○をつけましょう。
（ ）大きく（重く）なる。
（○）小さく（軽く）なる。
(4) 図2で、棒をおす位置をⒷにすると手ごたえはどうなりますか。正しいものに○をつけましょう。
（○）大きく（重く）なる。
（ ）小さく（軽く）なる。
(5) この実験からわかることに○をつけましょう。
（ ）力点を支点に近づけるほど、手ごたえは小さく（軽く）なる。
（○）力点を支点から遠ざけるほど、手ごたえは小さく（軽く）なる。

図1

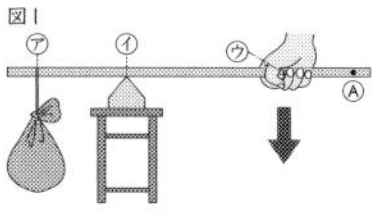

㋐
㋑
㋒
Ⓐ

図2

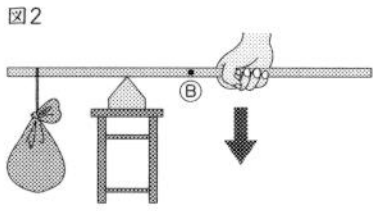

Ⓑ

2 下の図の実験用てこは水平につり合っています。図の□に何gのおもりをつるせばよいですか。□に数字をかきましょう。

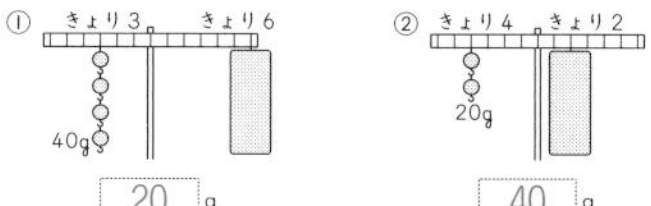

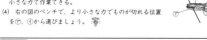

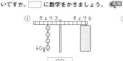

① きょり3 きょり6
40g
② きょり4 きょり2
20g

① 20 g ② 40 g

考え方 2 ①の左のうでをかたむけるはたらきは、40×3＝120。右のうでは20gのおもりをつるすとき、20×6＝120となりつり合う。

右上につづく

49 手回し発電機・光電池 (p.51)

1 次の文の（ ）にあてはまる言葉をかきましょう。
電気をつくることを（発電）という。手回し発電機は、
簡単に電気をつくることができる道具である。手回し発電機
のハンドルを回すと電気がつくられる。

2 下の表は手回し発電機に、豆電球とプロペラのついたモーターをそれぞれつなぎ、実験
した結果です。あてはまるものに○をつけましょう。

手回し発電機の回し方	豆電球	モーター
① 時計回りに回した とき	（○）明かりがついた。 （　）明かりがつかなか った。	（○）回った。 （　）回らなかった。
② ①と逆向きに回 した とき	（○）明かりがついた。 （　）明かりがつかなか った。	（　）①と同じ向きに回っ た。 （○）①と逆向きに回っ た。
③ ①より速く回し た とき	（○）①より明るくなっ た。 （　）①より暗くなった。	（　）①よりおそく回った。 （○）①より速く回った。

3 次の問いに答えましょう。また、□にあてはまる言葉を答えましょう。
(1) 光が当たると発電するのは、光電池とかん電池のどち
らですか。
(2) 光電池に当たる光が□くなると、回路に流れる電流が
大きくなる。

(1) 光電池
(2) 強（多）

> **だいじな まとめ** 手回し（発電機）では、ハンドルを回す向きによって電流の
> {大きさ 向き}が変わる。また、ハンドルを回す速さによって電流
> の{大きさ 向き}が変わる。

> **考え方** **2** 手回し発電機のハンドルを逆向き
> に回すと、電流の向きは逆になる。また、手回
> し発電機のハンドルを速く回すと、大きい電流
> が流れる。

50 コンデンサーに電気をためる (p.52)

1 次の文の□にあてはまる言葉をかきましょう。
電気は、右の図のような コンデンサー にたくわ
えることができる。
また、たくわえた電気は回路につないで使うことができる。

2 次の①〜③のように、手回し発電機のハンドルを一定の速さで回してコンデンサーに電気
をたくわえた後、豆電球につなぎました。次の問いに答えましょう。
① 10回ハンドルを回してコンデンサーに電気を
たくわえた後、豆電球につないだ。
② 20回ハンドルを回してコンデンサーに電気を
たくわえた後、豆電球につないだ。
③ 30回ハンドルを回してコンデンサーに電気を
たくわえた後、豆電球につないだ。

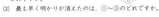
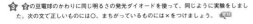

(1) 最も長く明かりがついていたのは、①〜③の
どれですか。
(2) 最も早く明かりが消えたのは、①〜③のどれですか。

(③)
(①)

3 **2** の豆電球のかわりに同じ明るさの発光ダイオードを使って、同じように実験をしまし
た。次の文で正しいものには○、まちがっているものには×をつけましょう。

(1) ハンドルを回す回数が同じ場合、発光ダイオードは豆
電球より長く明かりがつく。
(2) ハンドルを回す回数が同じ場合、発光ダイオードは豆
電球より早く明かりが消える。
(3) この実験から、発光ダイオードは豆電球に比べて、長く明かりがつくことがわか
る。

(1) ○
(2) ×
(3) ○

> **だいじな まとめ** 発電した電気は、{コンデンサー 手回し発電機}にたくわえて使う
> ことができる。（発光ダイオード）は同じ明るさの豆電球に比
> べて、長く明かりをつけることができる。

> **考え方** **2** 電気は、コンデンサーにたくわえ
> ることができる。コンデンサーにつないだ手回
> し発電機のハンドルを多く回すと、たくさん電
> 気がたくわえられる。

51 電気の変かん (p.53)

1 次の文の□にあてはまる言葉をかきましょう。
手回し発電機を使って、豆電球に明かりをつ
けたとき、豆電球は電気を光に変えている。こ
れを、豆電球は、電気 を光に
変かん したという。

2 次の電気器具は、電気を何に変かんしますか。（ ）にあてはまる言葉を、下の□か
ら選んでかきましょう。
(1) 電子オルゴール…電気を（音）に変かんする。
(2) 発光ダイオード…電気を（光）に変かんする。
(3) 電熱線…電気を（熱）に変かんする。
(4) モーター…電気を（動き（運動））に変かんする。

> いろいろな電気器具を、
> 電気が何に変かんされ
> るかでまとめてみよう。

> 光 音 動き（運動） 熱

3 次の問いに、下の□から言葉を選んで答えましょう。
(1) けい光灯や電球は、電気を何に変かんして利用して
いますか。
(2) 電気ポットは、電気を何に変かんして利用していま
すか。
(3) ラジオは、電気を何に変かんして利用していますか。
(4) 電気自動車は、電気を何に変かんして利用していますか。

(1) 光
(2) 熱
(3) 音
(4) 動き（運動）

> 光 音 動き（運動） 熱

> **だいじな まとめ** 電気は、（音）・（光）・熱・動き（運動）などに（変かん）されて
> 利用される。

> **考え方** **3** 電気は、音・光・熱・動き（運動）
> などに変かんされ、生活の中で利用されている。

52 まとめのテスト (p.54)

1 次の文の（ ）にあてはまる言葉をかきましょう。
(1) 右の図①は、手回し（発電機）である。
ハンドルを（回す）と電気が発生する。
(2) 発生した電気で、豆電球や発光ダイオード
に明かりをつけたり、モーターを動かしたり
することができる。
ハンドルを逆向きに回して発電すると、
モーターの回転は、（逆（反対））になる。
また、ハンドルを速く回すと、豆電球の明
かりは（明るく）なる。
(3) 電気は、図③のような
（コンデンサー）にたくわえることがで
き、たくわえた電気を使って、豆電球など
の明かりをつけることができる。

ハンドル

2 次の（ ）にあてはまる言葉をかきましょう。
(1) 電気をつくることを、（発電）という。
(2) 光電池は、当たる光の強さによって、電流の（大きさ）が変わる。

3 次の①〜③のように、手回し発電機のハンドルを一定の速さで回してコンデンサーに電
気をたくわえた後、同じ明るさの豆電球や発光ダイオードにつなぎました。次の問いに答
えましょう。
① 50回ハンドルを回してコンデンサーに電気をたくわえた後、豆電球につないだ。
② 100回ハンドルを回してコンデンサーに電気をたくわえた後、豆電球につないだ。
③ 50回ハンドルを回してコンデンサーに電気をたくわえた後、発光ダイオードにつ
ないだ。
(1) ①と②で、長く明かりがついていたのはどちらですか。
(2) ①と③で、長く明かりがついていたのはどちらですか。

(②)
(③)

> **考え方** **3** ハンドルを回す回数を多くすると、
> コンデンサーに電気がよりたくわえられ、明か
> りが長くつく。回す回数が同じとき、豆電球よ
> りも発光ダイオードのほうが明かりが長くつく。

右上につづく ↑

53 わたしたちのくらしと環境(かんきょう)　(p. 55)

1 わたしたちのくらしと水とのかかわりについて調べました。下の図は、ダム、じょう水場、下水処理(しょり)場です。それぞれのはたらきを①〜③から選んでかきましょう。

ダム
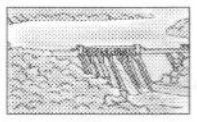
（③）

じょう水場
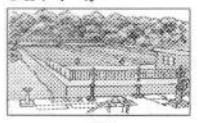
（②）

下水処理場
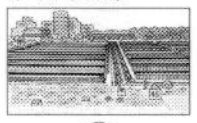
（①）

①わたしたちが使ってよごれた水を集め、きれいにして川にもどしている。
②川の水などを取り入れてきれいにし、わたしたちが水道で使うための水をつくっている。
③雨水や川の水をためて、生活用水や農業用水、発電(はつでん)などに利用している。

2 次の（　）にあてはまる言葉をかきましょう。

右の図は、石油などを燃やすことなく、（風）の力で発電機を回して電気をつくる、（風力）発電のようすを表している。

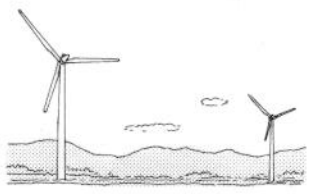

3 次の文で正しいものには○、まちがっているものには×をつけましょう。

(1) 二酸化炭素(にさんかたんそ)を出さない燃料としくみで、発電しながら走る自動車が利用されている。
(2) 発光ダイオードを使った信号機がある。
(3) 化学製品を燃やすと、空気をよごすものが発生することがある。

(1) ○
(2) ○
(3) ○

だいじなまとめ　環境を守るくふうや努力｛が必要である・は必要ない｝。地球にある限られた（空気や水）がよごれると、わたしたち自身もほかの生物も、困(こま)ることになる。

考え方 **1** 水は生活に必要なもので、飲み水をきれいにすることや川をよごさないようにすることも大切である。

54 まとめのテスト　(p. 56)

1 次の①〜③の文は、それぞれ下の㋐〜㋒のどれについての内容か、（　）に記号で答えましょう。

① ヒトは、生きていくための養分を、生物を食べることで得ています。食べ物として、植物や動物を育てたり、魚をとったりしています。（㋒）
② 水は、飲み物としてだけでなく、生活の中のさまざまな場面で利用されています。また、農業や工業にも多くの水が必要です。（㋑）
③ ヒトの生活に空気は欠かせません。工場などで石油を燃やして空気中へ排出(はいしゅつ)されるガスには、生物にとって有害なものがふくまれることがあるので、できるだけきれいにする工夫が必要です。（㋐）

㋐空気とヒトの生活　㋑水とヒトの生活　㋒食べ物とヒトの生活

2 次の文の（　）にあてはまる言葉を、下の□から選んでかきましょう。

地球は（水の星）、大気の星などとよばれている。生物は、日光や水や（空気）にめぐまれた地球で生きている。わたしたち人間も、自然とともに生きるために、（植林）やリサイクル、地球温暖(おんだん)化の原因の一つと言われている（二酸化炭素）を出さない工夫など、環境(かんきょう)を守るさまざまな取り組みをしている。しかし、まだまだ十分とはいえない。みんなでちえを合わせて取り組んでいく必要がある。

火の星　水の星　空気　機械　植林　ばっさい　二酸化炭素(にさんかたんそ)

3 次の環境についての文で、正しいものには○、まちがっているものには×をつけましょう。

（○）ガソリンをあまり使わない自動車が利用されている。
（×）家庭で使う洗(せん)ざいは、水をよごすことはない。
（×）節電したり、節水したりすることは、環境を守ることにはならない。

考え方 **2** 地球は「水の星」「緑の星」「生命の星」「大気の星」ともよばれている。このきれいな星を、しっかりと守っていく必要がある。